VOLUME XXXI

RAPPORT SUR LES TRAVAUX GRAVIMETRIQUES

ANTARCTIQUE

ANNALS OF THE
INTERNATIONAL GEOPHYSICAL YEAR

1957 *1958*

VOLUME XXXI

RAPPORT SUR LES TRAVAUX GRAVIMETRIQUES

ANTARCTIQUE

PART I

Rédacteur

P. TARDI

Bureau Gravimétrique International, — WDC C, Paris

International Council of Scientific Unions
Comité International de Géophysique

PERGAMON PRESS
OXFORD · LONDON · EDINBURGH · NEW YORK
PARIS · FRANKFURT
1964

PERGAMON PRESS LTD.
Headington Hill Hall, Oxford
4 and 5 Fitzroy Square, London W.1

PERGAMON PRESS (SCOTLAND) LTD.
2 and 3 Teviot Place, Edinburgh 1

PERGAMON PRESS INC.
122 East 55th Street, New York 22, N.Y.

GAUTHIER-VILLARS ED.
55 Quai des Grands-Augustins, Paris, 6e

PERGAMON PRESS G.m.b.H.
Kaiserstrasse 75, Frankfurt am Main

Library of Congress Catalog Card Number 57-59094

Printed in Hungary

TABLE DES MATIERES

NOTE

Le Bureau Gravimétrique International (Centre C) a été chargé de recueillir les données gravimétriques effectuées au cours de l'Année Géophysique Internationale et de préparer un Rapport d'ensemble sur ces travaux (Moscou, Doc. 143C-143D).

Un Rapport donnant un aperçu général de *tous* les travaux gravimétriques effectués à l'occasion de l'Année Géophysique Internationale (à l'exclusion des Marées Terrestres) a déjà été établi et publié. Il faisait la synthèse:

— des rapports préliminaires (Doc. 4 et Doc. 4-a) présentés à la Vème réunion du CSAGI (Moscou, 30 juillet—9 août 1959);

— des amendements apportés au cours de la réunion (Doc. 143-A);

— des renseignements complémentaires envoyés ultérieurement au Bureau Gravimétrique International.

Dans ce Rapport, avaient été mentionnés:

— les travaux effectués dans l'Antarctique;

— des rattachements gravimétriques internationaux effectués à l'occasion de l'A. G. I. ;

— des observations en mer;

— quelques campagnes gravimétriques destinées, soit à relier avec plus de soin les réseaux nationaux au réseau gravimétrique mondial, soit à combler des régions dépourvues de stations.

Ces chapitres n'étaient d'ailleurs pas dans le programme même de l'A. G. I. et ne donnaient qu'une vue incomplète des travaux gravimétriques pendant cette période, puisqu'ils faisaient mention seulement de travaux effectués à l'occasion de l'A. G. I.

Si l'on veut avoir un aperçu plus général, on pourra se reporter au « Rapport d'ensemble sur les mesures gravimétriques exécutées de 1957 à 1960 » présenté à Helsinki (U. G. G. I., 1960).

Pour éviter des répétitions inutiles, le Rapport suivant se limitera aux *seuls travaux gravimétriques réalisés dans l'Antarctique.*

INTRODUCTION

Ce Rapport a été établi à partir des publications signalées dans la Bibliographie (p. 38) et de quelques renseignements communiqués personnellement par les auteurs. Il a pour but de grouper tous les résultats obtenus par les observateurs; les travaux de chacun sont rappelés par les numéros bibliographiques.

Ce Rapport s'étend aux années *1957 à 1959*: il déborde le cadre de l'Année Géophysique Internationale (1957—1958), car les travaux esquissés durant cette Année ont été poursuivis ultérieurement et les publications citées ont groupé généralement l'ensemble des travaux de ces années 1957—1959. Toutefois, à cause du retard apporté à la publication de ce Rapport, certains travaux ultérieurs ont été signalés en note.

Dans les pages suivantes, on s'est attaché seulement aux résultats scientifiques, sans préciser les modalités de chaque campagne et en conservant l'étiquette de la nationalité qui a publié les résultats.

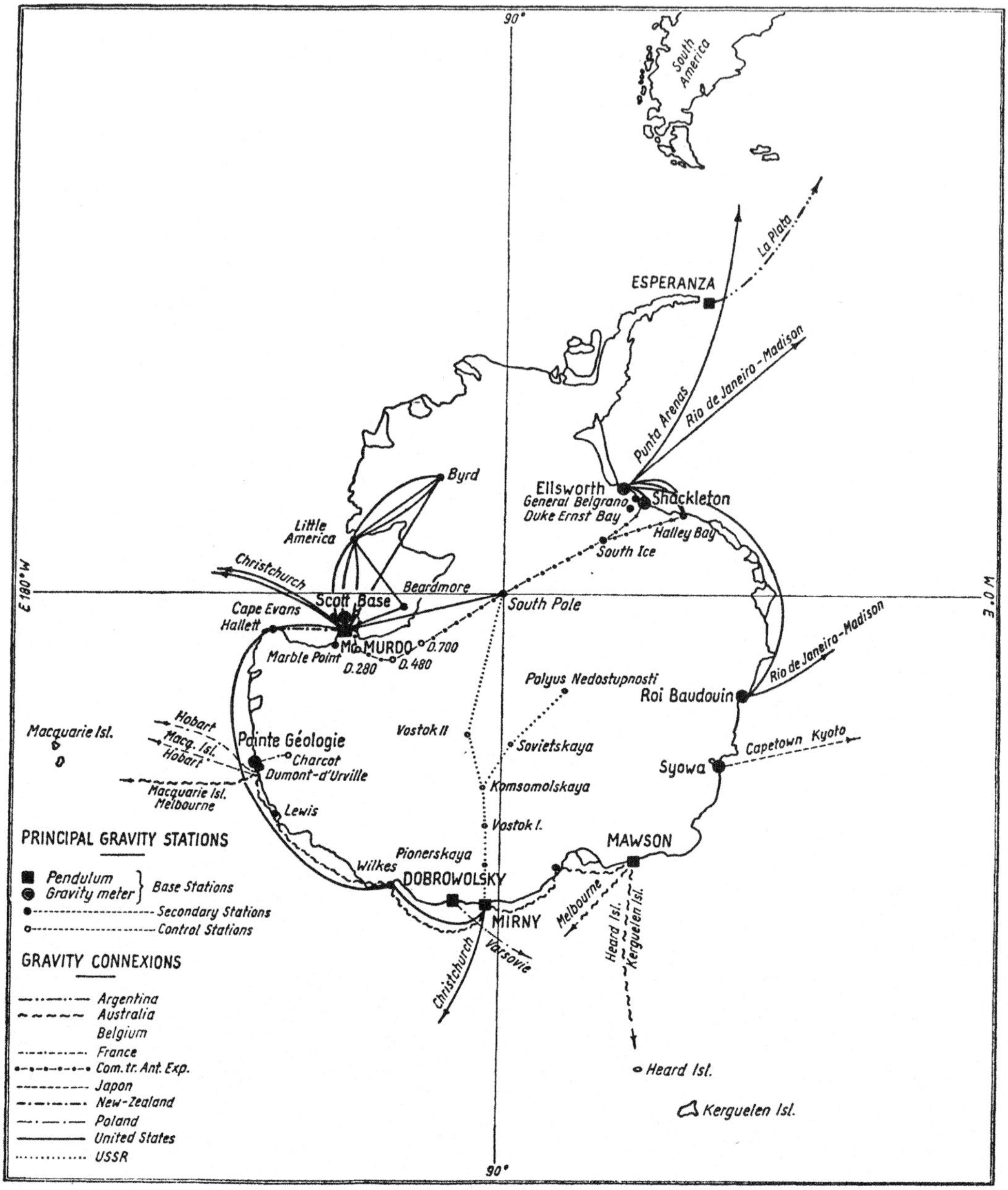

CARTE 1. Stations principales et Liaisons Gravimétriques.

I. STATIONS GRAVIMETRIQUES PRINCIPALES DE L'ANTARCTIQUE

Nous donnons ci-après la description des stations de pesanteur les plus importantes:

(a) les stations de référence de chaque réseau national avec la valeur de g adoptée. Le détail des résultats obtenus dans les divers rattachements est rappelé dans le Chapitre II.

(b) les stations secondaires qui ont fait l'objet d'un rattachement spécial avec ces stations de référence.

Ces stations ont souvent été occupées par plusieurs équipes d'observateurs.

Les simples stations de recoupement de chaque équipe n'ont pas été décrites, mais seulement indiquées sur la carte 1 sous la dénomination « control station ».

(a) Stations de référence: *(1, 2)*

ESPERANZA: Station de référence des observations de l'Argentine.

Base Navale Argentine, pilier extérieur à 6 m du mur latéral du hangar, près de la porte (repère scellé).

63°21'9   56°59'7 W. G.   3 m   g = 982 243,3 mgal

Cette valeur résulte de déterminations pendulaires par rapport à La Plata.

ELLSWORTH: Station de référence des mesures américaines (Etats Unis) sur la côte Atlantique du Continent.

Science Building Library, à l'angle N. W. de la salle.

77°42'36"   41°08' W. G.   42 m   g = 982 924,6 mgal

Cette valeur est la moyenne des deux résultats (924,4 et 924,8) obtenus avec le gravimètre LaCoste L1 par rapport à Punta Arenas (Chili) et Madison (Etats-Unis). Elle a été adoptée comme valeur de référence dans le tableau des résultats de la publication *(11)*.

Cette station sur « floating ice shelves » ne permet pas des observations pendulaires et la valeur de cette base est moins sûre que celle de McMurdo (sur la côte Pacifique); aussi les Américains ont-il choisi un emplacement plus stable, moins affecté par les mouvements glaciaires:

Duke Ernst Bay « On rock outcrop at head of glacier at highest of four patches of rock about 2 km east of another small group of rocks, 1 m south of cairn, 3 m north of ice-rock contact ». *(11)*

77°53'   34°10' W. G.   289 m   g = 982 903,5 mgal

Cette valeur a été déterminée avec soin par rapport à Ellsworth (982 924,8 mgal) par Behrendt (1958—59).

SHACKLETON: Station principale de référence de la « Trans Antarctic Expedition » 1955—1958 (Gde Bretagne).
« At base of metal meteorology tower ». *(11)*

77°59′3 37°10′ W. G. g = 982 939,7 mgal *(8,23)*

C'est cette valeur provisoire *(8)* qui a été utilisée dans la liste de stations de la publication *(23)*.
Toutefois, une publication plus récente *(11)* donne des résultats différents: 982 936,4—935,9 et 934,5 mgal.

ROI BAUDOIN: Station principale des Expéditions belges; l'emplacement précis utilisé par ces observateurs au cours des Expéditions 1958—59 et 1959—60 comportant des mesures gravimétriques, n'a pas encore été publié.
Parmi les deux emplacement utilisés par les observateurs des Etats-Unis, on citera l'emplacement principal: *(11)*
« Science Building, Ionosphere Lab., next to workbench midway between ionosphere sounder and clock. »

70°25′53″ 24°18′38″ E. G. g = 982 778,8 mgal

Cette valeur a été rattachée à Ellsworth (982 924,8) par BEHRENDT (1958—59).

SYOWA: (East Ongul Island) — station de référence des observateurs japonais.

69°00′4 39°35′4 E. G. 29,2 m g = 982 540 mgal

Cette valeur fut déterminée au moyen d'un gravimètre Worden au cours de la troisième Expédition (1958—59) japonaise par rapport à Capetown, à quelques milligals près. *(25)*

MAWSON: — Station de référence de l'Expédition australienne (A. N. A. R. E.) †

67°36′ 62°54′ E. G. 15 feet

« The gravity station is in n°3 store on a concrete floor originally poured for mounting the emergency power unit ».
— Gulf pendulum site: « old emergency engine room attached to the n°2 store ».
Cette station est aussi appelée « Mawson A gravity station »

67°36′3 62°52′4 E. G. 3,87 m (g = 982 482,3 val. prov.)*

MIRNY: — Station de référence des observateurs de l'U. R. S. S.
L'emplacement principal est situé à l'intérieur du Pavillon Cosmique.
Il a été occupé en 1960—61 par les observateurs des Etats Unis avec l'appareil pendulaire Gulf

66°33′1 93°00′7 E. G. environ 21,3 m (g = 982 405,2 mgal)*

† Communication de R. F. THYER (1962).
* Résultats communiquée par J. C. ROSE (1962).

Cette valeur provisoire provient d'un rattachement avec Melbourne.

66°33'2 93°00'9 E. G. 21 m g = 982 407,4 mgal *(36)*

— Un deuxième emplacement a été occupé par les observateurs des Etats Unis *(11)*

« At the gravity site outside the cosmic Ray Building »

66°33' 93°00' E. G. 22 m g = 982 407,4 mgal

Ces deux dernières valeurs ont été rattachées à McMurdo (982 989,3 mgal) par SPARKMAN (1957—58) avec le gravimètre LaCoste 1 *(11, 36)*.

DOBROWOLSKY: Station occupée par les observateurs polonais. *(28)*

La station est située sur le terrain de l'Oasis de Bunger, pilier en maçonnerie dans le pavillon séismique; le pilier repose sur le roc et émerge de 13 cm au dessus du plancher.

68°16'3 100°45'0 E. G. 35,4 m g = 982 439 mgal

Cette valeur résulte de déterminations pendulaires par rapport à Varsovie.

POINTE GEOLOGIE: Station de référence des Expéditions Polaires Françaises.

Ile des Pétrels, à 60 m à l'est de la baraque établie en 1952—53. Cairn rouge à côté; pierre plate avec marque TA 1 scellée; schéma *(19, p. 20* et *17, 2° partie, p. 12)*.

66°40'0 140°00'7 E. G. 11,0 m g = 982 404,6 mgal

Cette valeur a été déterminée par plusieurs liaisons au gravimètre avec Hobart et Melbourne. *(18, p. 234)*

Cette station en plein air a été doublée d'une station située à l'abri du vent et de la neige:

Dumont d'Urville: Station située à 500 m de la précédente, pilier des mesures magnétiques absolues: *(22)*

66°40' 140°00'5 E. G. g = 982 401,5 mgal

Cette valeur a été déterminée avec soin par rapport à la station précédente par G. ROUILLON, et elle constitue la valeur de départ des mesures françaises (1957—58).

McMURDO[(A)]: Station de référence des observations des Etats Unis sur la côte Pacifique du Continent. *(11)*

— Gulf pendulum site*: « in Building 30, on a concrete slab beneath the wooden floorboards, over a brass plaque stamped « Gulf Pendulum Station, McMurdo Sound » *(Schéma, p. 1—10)*. »

77°53'7" 166°45'18" E. G. 11 m g = 982 992,8 mgal

Cette valeur est la valeur adoptée pour la publication des résultats *(11, tableau)*

* As this location is not always accessible, a new location was occupied at the Biology laboratory entrance »:

Δg (Bldg 30—Biol. Lab.) = 3,1 mgal $\pm 0,03$ *(16)*

(A) Voir Remarque p. 17

en même temps que la valeur obtenue par Rose (Gulf pend.) et Sparkman (LaCoste 1a). La valeur obtenue par Iverson est inférieure de 0,3 mgal (982 992,5 mgal).

— « On the ground at the entrance to the chapel »; 29 m

$\triangle$g (Bldg 30—Chapel) = 3,3 mgal (Iverson, 1956—57)
= 3,5 mgal (Sparkman, 1957—58)

— « Scott's Hut, at base of flagpole »; 9 m

$\triangle$g (Hut—Chapel) = 4,0 mgal (Thiel, 1958—59)

Cet emplacement a été utilisé pour le rattachement de Scott Base.

SCOTT BASE[(A)]: Station principale des mesures Néo-Zélandaises et de la Trans-Antarctic Expedition *(voir plan, 26, p. 28)*.

«Gravity Base n°2 at the south end of the pier in the seismic hut (brass plate attached). »

77°51'30″ 166°47′† E. G. ±3′ 33,2* m g = 982 989,1 mgal *(26, p 117)*

Cette valeur est la valeur adoptée par chacune des Expéditions; elle a été déterminée par rapport à la valeur 982 992,3 à McMurdo (Hut Point), calculée provisoirement et publiée dans *(8, p. 15)*.

On signale que, dans la publication plus récente *(11)*, la valeur indiquée pour ce même emplacement à McMurdo est 982 993,3 mgal.

Deux autres emplacements ont été occupés par les Néo-Zélandais.

(b) Stations secondaires:

General Belgrano: Emplacement occupé par les Argentins: *(1)*

— Base Militaire General Belgrano, sol du hangar.

77°57′0 38°30′8 W. G. 32 m g = 982 945,8 ± 0,3 mgal

Cette valeur a été déterminée par rapport à Esperanza.

— Emplacements occupés par les Américains (Etats Unis): *(11)*

77°56′46″ 38°29′21″ 40 m

— « At base of red and white steel antenna, 60 m east of entrance to base »: g = 982 948,8 mgal

Cette valeur a été déterminée par Behrendt par rapport à Ellsworth (982 924,8 mgal).

— « At base of northernmost of two large wooden antenna poles » (station voisine de la précédente): g = 982 948,9 mgal

Cette valeur a été déterminée par Weiman par rapport à Ellsworth (982 924,4 mgal).

(A) Voir Remarque, p. 17
† 166°50′ et 30 m dans la publication *(16, p. 401)*
* 30 m dans la publication *(11, p. 1—4)*

Halley Bay: Station occupée par les Argentins et par la Trans Antarctic Expedition. *(1)*
Base de la Royal Society, approximativement à 150 m à l'Ouest de cette Base.

75°31′0 26°36′ 33 m $g = 982\,913{,}8 \pm 0{,}9$ mgal

Cette valeur est donnée par rapport à Esperanza.
La valeur de la détermination anglaise ne nous est pas connue; toutefois différents emplacements utilisés dans cette région sont dessinés dans la publication *(23, p. 21)*.

Davis: Station occupée par les Australiens au cours d'un rattachement gravimétrique par avion entre Mawson et Mirny.

Wilkes: Station faisant l'objet d'un rattachement spécial avec McMurdo. *(11)*
« Between the Seismograph Building and the Geom. Building, 1 m from the wall of the Seismograph Building »:

66°15′ 110°31′ E. G. 10 m $g = 982\,399{,}6$ (SPARKMAN)

Hallett [(A)]: Station faisant l'objet d'un rattachement spécial avec McMurdo: *(11)*
— « Entrance to Magnetic Observatory »:

72°18′ 170°18′ E. G. $g = 982\,705{,}7$ (SPARKMAN)

Station occupée par les Néo-Zélandais:

72°19′ 170°13′ E. G. $g = 982\,706$ mgal *(26)*

Marble Point: Station occupée par les observateurs des Etats Unis *(11)*
— « BM JAYB (iron rod set in concrete) at sumit of hill, approximately 1200 m east of ice cliff, 600 m east of campsite, 300 m from coast. The hill composed of coarsegrained marble, is the highest hill between ice cliff and bay. »

77°24′58″ 163°42′ E. G. 69 m $g = 982\,951{,}3$ mgal

Cette station a été rattachée à McMurdo par THIEL.

— Station occupée par les Néo-Zélandais:

70 ± 5 m $g = 982\,951{,}3$ mgal *(26, p. 118)*

Beardmore Station: Station reliée à McMurdo et à Little America. *(11)*
« 3 meters from the end of a quonset hut, 2 m from the side of a second quonset hut. The antenna farm is on the opposite side of the second quonset hut. »

83°21′42″ 174°52′30″ 57 m $g = 983\,119{,}0$ mgal

Valeur obtenue par SPARKMAN en 1957—58.

Little America: Station reliée à McMurdo. Parmi les trois emplacements occupés, le principal est:

(A) Voir Remarque p. 17

« On gravity pier, in Building 12 »:

78°11′ 162°11′ W. G. 43 m g = 982 983,1 mgal

Cette valeur est adoptée dans la liste des stations *(11, p. III-24)*; les divers résultats obtenus au cours de liaisons sont indiqués dans le chapitre suivant.

Byrd Station: (A) Station reliée à Little America et plus tard directement à McMurdo. « At front entrance to Science Building (or between the rear entrance to Science Building). »

79°59′ 120°01′ W. G. 1525 ±20 m g = 982 596,0 mgal

Ces données (altitude et valeur de g) sont les résultats des derniers calculs (lettre de C. R. Bentley, 27 fév. 1962).

Dans les publication *(11, p. III-28* et *13)* l'altitude provisoire varie entre 1510 et 1513 m et la valeur de g adoptée provisoirement dans les tableaux est 982 600,9 mgal.

South Pole: Station occupée par les Américains, les Anglais et les Russes.

« On wooden boardwalk at corner of Byrd Boulevard and Waldron Avenue, adjacent to Science Building; this is the left hand corner of building facing in the end door nearest the ionospheric sounder. »

90° 2800 m g = 982 328,3 (Sparkman, *11)*
g = 982 329,0 *(23)*

La seconde valeur est celle adoptée par les Anglais.

Les informations connues sur la station russe sont:

Amundsen Scott 90° 2860 m g = 982 326,9 mgal *(37)*

South Ice "C": Station de base des mesures de la Trans Antarctic Expedition, reliée par cette expédition à Shackleton: *(23)*

g = 982 712,8 mgal

Cet emplacement, le plus stable à South Ice, a été rattaché aux trois autres sites antérieurement utilisés. *(23, p. 15)*

Dans la région de McMurdo et Scott Base, on peut citer aussi:

Cape Evans: Station occupée d'une part par les Américains et d'autre part par les Néo-Zélandais:

« Captain Scott's Hut » occupée par les Américains:

g = 982 984,7 (Iverson, *11)*

« On pier, magnetic Hut » occupée par les Néo-Zélandais:

77°38′ 166°24′ 5 ±2 m g = 982 983 mgal *(26, p, 118)*

(A) Voir Remarque, p. 17

II. RATTACHEMENTS DU CONTINENT ANTARCTIQUE

I — Des MESURES PENDULAIRES furent effectuées aux points suivants:

ESPERANZA: *(2)*

Les observateurs argentins de l'Instituto Geografico Militar rattachèrent cette station à la station de La Plata (Observatorio Astronomico, pilier) à l'aide de deux appareils quadripendulaires Askania (n° 8 592 et n° 530 223).

A partir de: g (La Plata) = 979 748,0 mgal
on obtient: g (Esperanza) = 982 243,3 mgal

Ce résultat est une moyenne pondérée des valeurs pendulaires 982 245,8 et 982 242,7 (poids 1 et 4).

DOBROWOLSKI: *(28)*

Les observations furent faites avec un appareil quadripendulaire Askania par des Polonais à partir de la station de Varsovie (Laboratoire gravimétrique, Ecole Polytechnique de Varsovie).

Ces déterminations ont comporté trois séries d'observations en Antarctique encadrées par deux séries à Varsovie avant le départ et au retour.

$$g_D - g_V = 1201{,}8 \pm 0{,}3 \text{ mgal}$$

A partir de: g (Varsovie) = 981 236,6 $\pm$0,15 mgal
on obtient: g (Dobrowolski) = 982 438,4 $\pm$0,4 mgal

McMURDO: *(11)*

Les observations furent faites avec les « Gulf quartz pendulums » de l'Université de Wisconsin (Etats Unis) par J. C. Rose (1956—57), à partir de la station de Christchurch (Nlle Zélande), « Magnetic Observatory at the workshop pendulum site ».

A partir de: g (Christchurch) = 980 508,9 mgal
on obtient: g (McMurdo) = 982 992,8 mgal

MIRNY—MAWSON:*

Durant l'hiver 1960—61, les observateurs de l'Université de Wisconsin occupèrent avec les « Gulf M quartz pendulums » les stations de Madison, San Francisco, Melbourne, Mirny et Mawson. Toutes les stations, excepté Mirny, furent occupées deux fois.

Les résultats provisoires sont: Madison = 980 369,00 mgal
Melbourne Footscray (Nat. Grav. Base) = 979 979,87 mgal
et Mirny = 982 405,22 mgal
Mawson = 982 482,34 mgal

* Informations communiquées par J. C. Rose en 1962.

II — LIAISONS au GRAVIMETRE. (voir Carte 1):

De nombreuses liaisons ont été faites avec les gravimètres Western, Worden, Frost et LaCoste.

D'une part, ces rattachements ont été faits directement avec des stations du réseau mondial de Ier ordre (Madison, Melbourne, Christchurch...) ou par l'intermédiaire de stations secondaires (pendulaires ou déjà occupées dans des périples mondiaux) (Punta Arenas, Hobart, îles subantarctiques . . .).

D'autre part, des rattachements ont été faits par air entre différentes stations du Continent Antarctique.

Ci-dessous, nous rappellerons seulement les liaisons qui ont contribué à une meilleure détermination de la valeur de g aux stations principales, sans relater les liaisons courantes faites à l'occasion de la relève des observateurs. Autant qu'il a été possible, nous avons fourni les détails sur les trajets.

(a) Rattachements de l'Antarctique au réseau mondial:

ELLSWORTH-PUNTA ARENAS (Chili). *(11)*

1956—57, WEIMANN (Etats Unis), Worden geodetic Ia

g (Ellsworth) = 982 924,4 mgal

par rapport à Punta Arenas (Gulf Pend. Site) = 981 315,3 mgal.

ELLSWORTH-ROI BAUDOUIN-(RIO de JANEIRO, Brésil)-MADISON (Etats Unis). *(11)*

1958—59, BEHRENDT (Etats Unis), LaCoste 1b

g (Ellsworth) = 982 924,8 mgal
g (Roi Baudouin) = 982 778,8 mgal

par rapport à Madison (Science Hall « on the concrete floor outside the door to room 7 »): 980 368,9 mgal.

La station de Rio de Janeiro n'a pas été considérée dans les calculs car la différence de pesanteur avec cette station était trop grande (4000 mgal).

SYOWA-CAPETOWN . . . . . SINGAPOUR-KYOTO.

1958—59, J. A. R. E., Worden *(25, p. 174)*

g (Syowa) = 982 540 mgal (à quelques milligals près)

par rapport à Capetown (Mowbray, Trig. Surv. Off., Pend. St.) = 979 647,0 mgal.

MAWSON-MELBOURNE et MAWSON-Iles subantarctiques. *(5)*

Les observateurs australiens (ANARE) ont rattaché avec des gravimètres Worden, au cours de l'Expédition 1957—58 leur station de base de Mawson avec Macquarie Island, Heard Island, Iles Kerguelen et occupé quelques points sur la côte de l'Atlantique, en particulier Dumont d'Urville (Terre Adélie).

Les premiers résultats montrent un accord à 2 ou 3 mgal près avec les résultats français (Terre Adélie, Port aux Français, Kerguelen, Macquarie occupés antérieurement par STAHL, [*18*]).

McMURDO-CHRISTCHURCH (Nlle Zélande). *(11)*

1956—57, Iverson (Etats Unis), Worden 10:

g (McMurdo, Bldg 30) = 982 992,5 mgal

par rapport à Christchurch.

McMURDO-CHRISTCHURCH et retour par HALLETT-WILKES-MIRNY. *(11)*

1957—58, Sparkman (Etats Unis), LaCoste 1a:

g (McMurdo, Bldg 30) = 982 992,8 par rapport à Christchurch
g (Hallett) = 982 705,7 mgal
g (Wilkes) = 982 399,6 mgal
g (Mirny) = 982 407,4 mgal

POINTE GEOLOGIE . . . HOBART . . . MELBOURNE.

1953, Stahl (France), Western 47
(Terre Adélie, Iles subantarctiques, Hobart, Melbourne, Paris).

1956, Martin (France), Western 47
(Terre Adélie, Hobart)

Le détail des liaisons est donné dans *(18, p. 209—212)*; le résultat final adopté est:

g (Pointe Géologie, TA I) = 982 404,6 mgal

par rapport à: Hobart (Météo, cave): 980 444,27 mgal
Melbourne (Footscray): 979 980,84 mgal.

(b) Rattachements entre les stations de l'Antarctique:

ELLSWORTH-SHACKLETON. *(11)*

1956—57, Weimann (Etats Unis), Worden Ia

g (Shackleton) = 982 936,4 mgal

par rapport à Ellsworth: 982 824,4 mgal.

1956—58, Thiel (Etats Unis), Frost C-2-55

g (Shackleton) = 982 935,9 mgal

par rapport à Ellsworth: 982 924,4 mgal.

1958—59, Behrendt (Etats Unis), LaCoste Ib

g (Shackleton) = 982 934,5 mgal

par rapport à Ellsworth: 982 924,8 mgal

SHACKLETON-SOUTH ICE. *(23, p. 13—15)*

1957, Trans Antarctic Expedition, Worden n°14

La liaison a été faite avec South Ice « A », mais le rattachement a été fait ultérieurement par rapport à South Ice « C ».

Shackleton — South Ice « C » = 180,06 divisions.

MAWSON ... DAVIS ... MIRNY et rattachement de plusieurs points de la côte.

Des lectures ont été faites en plusieurs points de la côte et une liaison a été effectuée avec la station russe de Mirny. *(5)*

McMURDO-SOUTH POLE. [(A)] *(11)*

1957—58, SPARKMAN (Etats Unis), LaCoste Ia

g (South Pole) = 982 928,3 mgal

par rapport à McMurdo (Bldg 30): 982 992,8 mgal.

McMURDO-SCOTT BASE. [(A)] *(11)*

1957—58, SPARKMAN (Etats Unis) LaCoste 1a

g (Scott Base n°3, Sc. Hut) = 982 992,8 mgal

1958—59, THIEL (Etats Unis) Worden 291

g (Scott Base n°2, Seismic Hut) = 982 989,1 mgal

McMURDO-LITTLE AMERICA-BYRD. [(A)] *(11, 1— 5 & 6)*

Little America-Byrd:

1956—57, OSTENSO, Frost 47

McMurdo-Little America:

1956—57, IVERSON, Worden 10

1958—59, THIEL, Worden 291

McMurdo—Little America—(Beardmore)—Byrd:

1957—58, SPARKMAN, LaCoste Ia

McMurdo-Byrd:

1958—59, BENTLEY, Frost 47

Les valeurs obtenues par chaque observateur sont les suivantes:

Little America =	982 982,4 (IVERS.)	*Byrd* =	982 601,5 (OST.)
	982,9 (SPARK.)		599,7 (BENT.)
	983,8 (THIEL)		596,0 (SPARK.)

Beardmore = 983 119,0 (SPARK.)

[(A)] Voir Remarque p. 17

REMARQUE *(16)*

Au cours de l'été austral 1960—61, de nouvelles liaisons furent effectuées avec deux gravimètres géodésiques (LaCoste-Romberg et Worden) entre Christchurch et quelques stations antarctiques principales (McMurdo, South Pole, Byrd, Hallett, Scott Base).

A la suite de ces rattachements, des modifications ont été apportées aux valeurs antérieurement adoptées.

Nous résumons seulement dans le tableau ci-après la valeur actuellement adoptée pour chaque station réoccupée au cours de ces dernières liaisons, et la valeur antérieurement adoptée:

	Valeur adoptée en 1962	*Valeur adoptée dans le texte précédent*
McMurdo, Bldg 30	982 991,9 mgal	982 992,8 mgal
Scott Base, Seis. Hut	988,3	989,1
Hallett, Magn. Obs.	704,9	705,7
Byrd, Sc. Bldg	596,0	596,0 (600,9)
South Pole, near Sc. Bldg	327,4	328,3 et 329,0

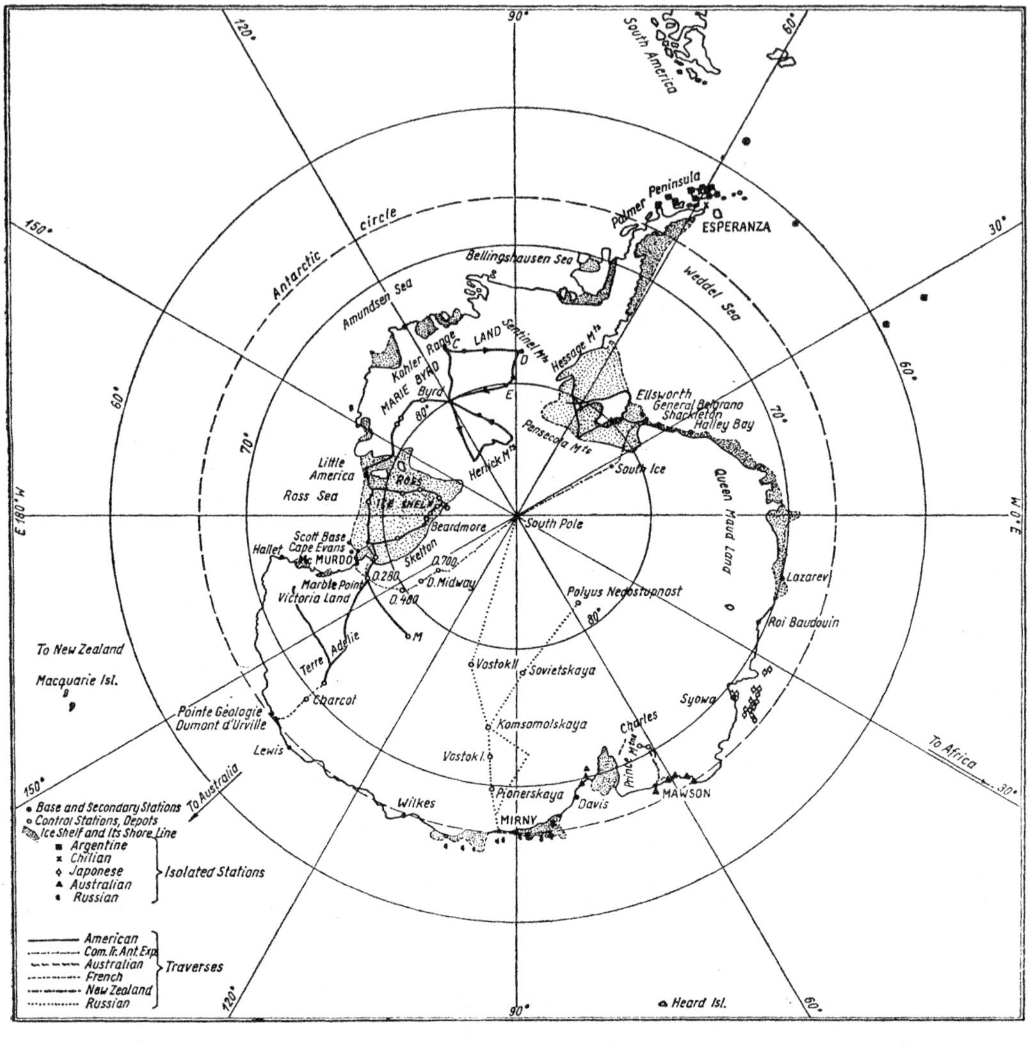

Carte 2. Observations de pesanteur.

III. CAMPAGNES GRAVIMETRIQUES †

ARGENTINE *(1—2)*

Les observateurs de l'Instituto Geografico Militar occupèrent 7 stations dans les régions bordant la mer de Weddel, c'est à dire entre les méridiens 25° et 74°W.

Les mesures furent effectuées avec des gravimètres Wörden (n° 336 et 348) par rapport à la station de Esperanza où la valeur a été déterminée antérieurement au moyen d'appareil pendulaire.

Le tableau original *(1)* avec les coordonnées géographiques, les altitudes et les valeurs observées de g a été complété avec les anomalies à l'air libre et de Bouguer. (Annexe I).

AUSTRALIE *(4, 6)*

Les travaux gravimétriques effectués avec le gravimètre Worden n°169 par les membres de l'Australian National Antarctic Research Expeditions (A.N.A.R.E.) se répartissent ainsi:

(a) quelques mesures en une dizaine de points sur la côte de l'Antarctique autour de Mawson effectuées au cours de l'expédition 1957—58 *(4, plate 4)*.

(b) deux traverses régionales:

— Durant l'expédition 1957—58, des mesures gravimétriques furent effectuées en même temps que des mesures séismiques pour déterminer l'épaisseur de la glace, le long d'une traverse partant de Mawson, en direction du Sud approximativement le long du méridien 62° et jusqu'au parallèle 71° (environ 642 km); là, une importante crevasse obligea l'expédition à faire demi-tour. Ces observations gravimétriques furent faites à chaque détermination d'altitude, c'est à dire à des distances généralement de 8 km.

— Durant l'expédition 1958—59, cette première traverse fut doublée d'une traverse semblable, s'écartant légèrement de la précédente entre les parallèles 69° et 71°; les stations sont espacées de 4,8 km.

Les coordonnées des 170 stations occupées dans ces traverses régionales ont été publiées ainsi que les épaisseurs de glace correspondantes déduites des observations séismiques et gravimétriques. *(6)*

(c) Des traverses de demi détail ont été exécutées en 1957—58, à quelques miles au Sud du Mawson, perpendiculairement aux traverses régionales.

BELGIQUE

L'activité gravimétrique de la Belgique a commencé avec la deuxième Expédition belge qui est partie en décembre 1958. L'expédition a emporté un gravi-

† Voir Carte 2.

mètre Worden et a effectué des observations à partir de la station principale Roi Baudouin.

Aucun résultat n'est encore parvenu. Ces travaux gravimétriques ont été poursuivis au cours de l'Expédition suivante.

ETATS UNIS

Les stations de référence des observations des Etats Unis en Antarctique sont:

pour la partie Atlantique de Continent: ELLSWORTH

pour la partie Pacifique de Continent: McMURDO

Nous donnons ci-après les traverses sur lesquelles des observations de pesanteur ont été faites (généralement en coordination avec des études séismiques et glaciologiques). Ces observations furent effectuées sur les traverses A et B avec le gravimètre Frost n°47 du Lamont Geological Observatory of Columbia University; cet appareil est pratiquement sans dérive et a un très grand domaine d'utilisation.

A) Little America-Byrd Station Traverse : (Fig. 4) *(13, 11)*

La traverse de Little America V à Byrd Station faite durant les premiers mois de 1957, a une longueur de 645 miles.

Les observations gravimétriques (doublées d'observations magnétiques) furent effectuées tous les 5 statute miles (8 km); les mesures séismiques tous les 50 miles (80 km) puis tous les 20 miles (32 km). Toutefois, aucune mesure séismique n'a été faite sur les 322 premiers km (200 miles) qui sont sur la : « Ross Ice Shelf ».

Dans l'Annexe II (A) ont été reportées:

— la liste des 41 premières stations (de Little America au mile 195) extraite de la publication *(11, III-24)* avec coordonnées, altitude, g observé et anomalie à l'air libre;

— la liste des 90 stations suivantes (du mile 195 à Byrd) extraite de la publication *(13)* comprenant, outre les données précédentes, l'épaisseur de la glace et la profondeur du socle.

On remarquera que les données définitives concernant l'épaisseur de la glace doivent être prises dans la publication *(13)* (précision de ± 40 m). On ne doit pas tenir compte des résultats antérieurs publiés dans *(11, App. I)* qui diffèrent de plusieurs dizaines de mètres (lettre de C. R. Bentley, février 1962).

B) Mary Byrd Land Traverses : *(13, 11)*

Sur les deux traverses suivantes, des mesures gravimétriques et magnétiques furent faites tous les 3 nautical miles (5,5 km) et furent accompagnées de mesures séismiques tous les 30 miles (55,5 km).

Les altitudes des stations furent évaluées avec une précision supérieure à ± 15 m par rapport à Byrd Station; entre deux arrêts, l'erreur peut être de 1 m.

La localisation des stations est connue avec une précision estimée à 1 mile. Les deux listes de stations gravimétriques (respectivement 361 et 265) ont été reportées en Annexe II, Ba et Bb). Comme précédemment, les tableaux originaux comprennent coordonnées, g observé, anomalies à l'air libre, altitude des stations et profondeur du socle rocheux déduite des mesures séismiques et gravimétriques.

(a) Sentinel Traverse (Fig. 5): ce cheminement fait de nov. 1957 à février 1958 a une longueur totale de 1026 nautical miles (1901 km); il va de Byrd Station dans la direction Ouest vers Kohler Range (C = 76°50—113°00′W); de là, vers « Sentinel Mountains » (D = 77°30′—89°00′ W) et retourne à Byrd Station en passant par le point E (79°6—91°W).

(b) *Horlick Traverse:* ce cheminement réalisé entre le 1er novembre 1958 et le 20 janvier 1959 part de Byrd Station en direction des Monts Horlick (approximativement 85°01′—126°48′ W) longe le côté Nord de ces Monts jusqu'au point (84°15′—92° W approximativement) et revient à Byrd Station. Cette traverse a une longueur de 916 nautical miles (1698 km).

C) Little America-Ross Ice Shelf et Victoria Land: *(9, p.149)*

— Oct 1957—fév. 1958 (1450 miles): route de Little America vers McMurdo Sound jusqu'au point (170°50′E—78°30′), puis direction du Sud-Est vers Beardmore Glacier (176°00′E—83°40′) et Liv. Glacier (167°50′W—84°50′) enfin, retour à Little America.

— Des mesures séismiques et de pesanteur (40 stations) ont été effectuées sur une région très déformée de l'« ice shelf » près de Roosevelt Island, en décembre 1957 *(12, II—2* et lettre de J. Cook, July 1962).

Ces stations ont été réoccupées plus tard (lettre de C. R. Bentley, avril 1962) et les résultats seront incorporés avec ceux de la « Ross Ice Shelf Traverse » mentionnée ci-après.

— Octobre 1958—janvier 1959 (1629 miles): route de Little America le long de « Ross Ice Shelf », puis remontée au Skelton Glacier jusqu'à « Victoria Land Plateau » et route jusqu'au point M (78°03′—130°03′E.); enfin, retour le long de la même route jusqu'à McMurdo Sound.*

Les données gravimétriques de Victoria Land Traverse comprenant 237 stations effectuées depuis l'Ice Shelf jusqu'au point M ont été communiquées et sont reportées en Annexe II C ainsi que les 370 nouvelles observations de 1959—60 (Annexe II C′) *(15, 15bis)*.

— On notera aussi qu'au cours d'une reconnaissance géophysique sur le « Victoria Plateau », des lectures de pesanteur furent faites en 3 stations *(9, 10)*.

De même, deux ou trois lectures de pesanteur furent faites sur la glace de mer et la langue flottante du « Koettlitz glacier » dans McMurdo Sound (lettre de J. C. Cook, juillet 1962).

D) Ellsworth Oversnow Traverse: *(9, 11)*

Une première traverse a été parcourue d'octobre 1957 à février 1958 (1250 miles). Elle part de Ellsworth Station vers le Mont Pensacola jusqu'à 53°00′ W., puis vers le Mont Hassage jusqu'au point (78°40′—69°00′W.) et reprend la direction de Ellsworth jusqu'au point (80°03′—54°32′W.); là, le personnel a rejoint la base par air.

* En 1959—60, de nouvelles traverses furent effectuées dans Victoria Land, jusqu'au Terme Sud de la Traverse française de Terre Adélie. Une étude détaillée a été faite par J. G. Weihaupt *(15bis)*.

Les mesures furent effectuées avec le gravimètre Frost n°C-2-55, thermostaté à la température de 79°F. La dérive totale a été très faible (0,93 mgal après 81 jours de campagne).

Les résultats des 221 observations sont donnés dans la publication *(11, VI)*: les coordonnées géographiques, l'élévation de la station, les valeurs de g observé et théorique sont suivies des anomalies à l'air libre et des anomalies de Bouguer calculées pour 8 densités différentes pour les masses situées *au-dessus* du niveau de la mer (unité 0,1 mgal).

Dans l'Annexe II D, à la fin de ce Rapport, ont été reportées les données originales calculées seulement pour 4 densités: 0,4—0,9—2,67 et 2,80.

FRANCE *(19, p. 101)*

Au cours de la 3ème Expédition Antarctique Française (1958—59), G. Rouillon a effectué, avec le Worden 332, en Terre Adélie, 217 observations.

Ces mesures effectuées à partir de la base Dumont d'Urville se répartissent ainsi:

— *réseau côtier:*

71 stations sur points rocheux (îles ou bordure du continent)
12 stations sur glace de mer dans la baie Lejay
5 stations sur la langue glaciaire de l'Astrolabe.

— *profil de la calotte glaciaire:*

128 stations distantes d'environ 4 km sur un trajet de 520 km sensiblement N-S, depuis la côte jusqu'à la latitude 71°09′, en passant par la station Charcot. Ces mesures ont permis de préciser l'épaisseur de la glace à partir des 29 stations séismiques réparties sur ce profil.

Les tableaux originaux comprennent coordonnées géographiques, altitude, valeur de g observé, anomalies à l'air libre et, dans certains cas, les anomalies de Bouguer calculées en tenant compte de l'épaisseur de glace et de la profondeur du socle rocheux par rapport au niveau d'altitude zéro. Ces tableaux ont été reportés à la fin de ce Rapport (Annexe, III), toutefois le calcul des anomalies de Bouguer établies avec une densité 2,75 a été refait avec la densité moyenne 2,67 afin d'assurer une meilleure homogénéité à l'ensemble des travaux. *(22)*

GRANDE BRETAGNE *(23)*

Au cours de la « British Trans Antarctic Expedition », un profil gravimétrique (192 stations) fut exécuté de Shackleton (sur la côte de la mer de Weddel) jusqu'à Scott Base (NZ) en bordure de la mer de Ross, en passant par le Pôle Sud.

Ces observations ont été faites avec le Worden n°14, à des distances d'environ 15 miles sur cette traverse de 2150 miles. En 33 points, des mesures séismiques ont aussi été faites.

Les résultats gravimétriques sont ajustés sur les 4 stations principales: Shackleton, South Ice « C », South Pole et Scott Base « 2 » (voir Chap. II).

Les coordonnées géographiques, les valeurs de g et la précision des observations sont données dans la publication citée; cette précision est de 0 à 5 mgal suivant la distance aux stations de base; les altitudes seront communiquées seulement lorsque les études barométriques seront terminées et qu'elles pourront être fixées définitivement; l'interprétation des résultats suivra.*

JAPON *(25, p. 175)*

Les membres de la 2ème et 3ème Expédition Japonaise (J.A.R.E.) exécutèrent en 1957—58 et 1958—59, 23 stations gravimétriques avec un appareil Worden:

— 7 stations dans les îles Ongul;

— 16 stations dans : « Lützow—Holm Bay » sur des packs très serrés.

Les tableaux originaux comprennent coordonnées, altitude (ou profondeur de la mer) avec anomalies à l'air libre et de Bouguer (îles Ongul). Ils ont été rappelés à la fin de ce Rapport (Annexe, IV).

NOUVELLE ZELANDE

Des observations de pesanteur furent effectuées au cours des étés 1957—58 et 1958—59, avec le Worden géodésique W 283, entre les latitudes 77° et 79° dans la « Ross Dependency ». Elles comprennent des stations isolées et deux traverses:

— Le premier profil longe le glacier Skelton, avec des diverticules sur le roc à Teall Island, Twin Rocks et Stepaside Spur. Une liste de 22 stations (parmi les 157 occupées) a été publiée avec les coordonnées, les valeurs de g et les anomalies simples de Bouguer (pour les stations sur roche) ainsi qu'une esquisse de carte *(26, p. 118)*

— Le deuxième profil, presque entièrement sur rocher, remonte la « Wright Valley » de Marble Point à 4 miles du Plateau (76 stations sur 85 km). Le tableau *(27, p. 546)* donne les caractéristiques de ces stations y compris les anomalies de Bouguer complètes (avec corrections de relief approchées) calculées avec les densités respectives de 0,9 et 2,67 pour la glace et le socle.

Les altitudes sont précises à ± 10 m.

Ces mesures sont rattachées par l'intermédiaire de Scott Base (de Marble Point ou de Main Base dans la Wright Valley) à la station pendulaire de McMurdo.

Les tableaux originaux reportés à la fin de ce Rapport (Annexe, V) ont été complétés par les anomalies à l'air libre.

UNION SOVIETIQUE *(32 & 37)*

Au cours des deux campagnes 1958—59 et 1959—60, les observateurs russes ont effectué avec le gravimètre CH-3, 286 mesures de pesanteur groupées ainsi:

— profil double partant de Mirny jusqu'à Komsomolskaya et de là se subdivisant en deux tronçons, l'un par Vostok II jusqu'au Pôle Sud, l'autre par Sovietskaya jusqu'au Pôle d'Inaccessibilité « Nedostupnost ».

— stations isolées (10) sur la banquise, entre Davis et Wilkes.

Les mesures sont rattachées à la station principale de Mirny; la valeur adoptée est celle de SPARKMAN en 1958: 982 407,4 mgal *(36)*. Dans le Catalogue cité ont

* Toutefois, les résultats préliminaires présentés à la réunion de Moscou ont été incorporés dans le Catalogue Russe *(37)*.

été indiquées les coordonnées des stations, les altitudes, les valeurs de g observé, les anomalies à l'air libre, de Bouguer avec une densité unique 0,9, et dans certains cas l'épaisseur de la glace.

Ces données ont été reportées dans l'Annexe VI; chaque fois que la position du socle rocheux sous-glaciaire était connue, la liste originale a été complétée par les anomalies de Bouguer exactes tenant compte de l'épaisseur de glace et de l'excès ou déficit de masse rocheuse par rapport au niveau de la mer.

IV. RESULTATS GRAVIMETRIQUES ET INTERPRETATION

Les anomalies de la pesanteur ont apporté quelques précisions:

A) sur l'épaisseur de la couverture glaciaire du continent antarctique lui-même et par ce fait sur la topographie sous-glaciaire;

B) sur l'équilibre isostatique du Continent Antarctique (influence de la surcharge glaciaire) et la position de la surface de discontinuité de Mohorovicic;

C) sur la variation brusque de cette surface de Moho au bord du Continent, c'est à dire sur le passage de l'écorce terrestre d'un type océanique à celle d'un type continental, à la limite entre le Continent et la barrière glaciaire;

D) sur certains traits de la surface rocheuse sous-jacente:
- — prolongement de chaines de montagnes superficielles;
- — dépression sous les glaciers;
- — existence probable de faille, de cassure au bord du continent.

A) Détermination de l'épaisseur de glace à partir des mesures séismiques et gravimétriques:

Le premier but des observations de pesanteur est d'apporter une aide aux sondages séismiques en précisant le relief sous-glaciaire situé entre deux sondages.

Méthode: le profil gravimétrique a été relié au profil séismique aux points (un ou plusieurs) où la position du socle sous-glaciaire pouvait être déduite avec une bonne précision des réflexions séismiques.

Le profil gravimétrique généralement des *anomalies à l'air libre* a été transformé en profil d'épaisseur de glace d'après la formule de l'attraction d'une couche plane horizontale infinie, c'est à dire en admettant qu'une diminution de 1 mgal provient d'une épaisseur complémentaire de glace de 13,56* m (0,9 et 2,67 étant les densités respectives de la glace et de la roche sous-jacente). *(11, p. III—2* et *13,p. 885)*

Au lieu d'utiliser simplement les variations des anomalies à l'air libre pour déterminer les variations d'épaisseur de glace, certains auteurs ont rapporté ces anomalies de Faye à la courbe générale des anomalies de Bouguer calculées aux stations séismiques (ce qui revient à effectuer une correction régionale éliminant les influences lointaines ou profondes) *(6, p. 4)*. D'autres ont considéré les variations des *anomalies de Bouguer.*

---

* Ce coefficient varie légèrement suivant les densités admises par les observateurs: 13,03 adopté par G. ROUILLON (densités 0,92 et 2,75) *(22)*;
13,48 et 13,185 adoptés par A. I. FROLOV et E. D. KORIAKINE dans l'étude de la région de Lazarev (densités 0,86, 2,80 et pour l'eau 1,03) *(30, p. 35)*;
13,0 adopté par S. A. OUCHAKOV et G. E. LAZAREV *(29, p. 786)*.

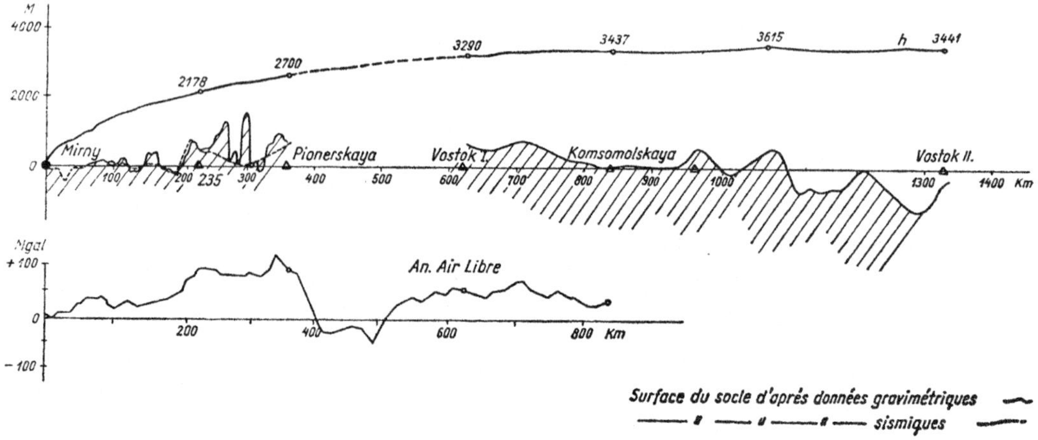

FIG. 1. Profil radial entre Mirny et Vostok II.

Enfin, certains auteurs ont déterminé *expérimentalement* le coefficient de proportionnalité K entre les variations des anomalies (de Bouguer) et celles d'épaisseur de glace. Pour cela, ils ont comparé entre elles, les anomalies des points où le relief sous-glaciaire est connu par d'autres méthodes (séismique, forage). Ainsi, l'épaisseur de glace sur l'ensemble du profil Mirny-Vostok II (Fig. 1) a été calculée avec le coefficient moyen 12,90 déduit des nombreuses stations séismiques entre Mirny et le km 235.

Profils: Nous reproduisons ci-après les principaux profils qui ont été publiés, après les avoir modifiés ou même complétés à l'aide de données recuillies dans le texte correspondant, afin d'assurer une présentation plus uniforme à l'ensemble et permettre ainsi facilement des comparaisons.

La Fig. 1 représente le profil radial Mirny-Pionerskaya-Vostok II (environ 1400 km) (extrait de la pub. *31* et complété par les anomalies à l'air libre de la pub. *33* relative à la 4ème Expédition Antarctique).

La Fig. 2 représente le profil radial en Terre Adélie (environ 500 km) [extrait de la pub. *21* et complété par la courbe des anomalies de Bouguer calculées pour les points séismiques (valeurs originales)].

La Fig. 3 représente le profil radial au Sud de Mawson (environ 600 km) (tiré des fig. *5 et 6* de la pub. *3*).

La Fig. 4 représente le profil de Ross Ice Shelf s'étendant de Little America à Byrd Station (environ 1000 km dont les 350 premiers se trouvent sur l'ice shelf). Le profil gravimétrique a été raccordé au profil séismique au mile 400 (extrait de la pub. *10*).

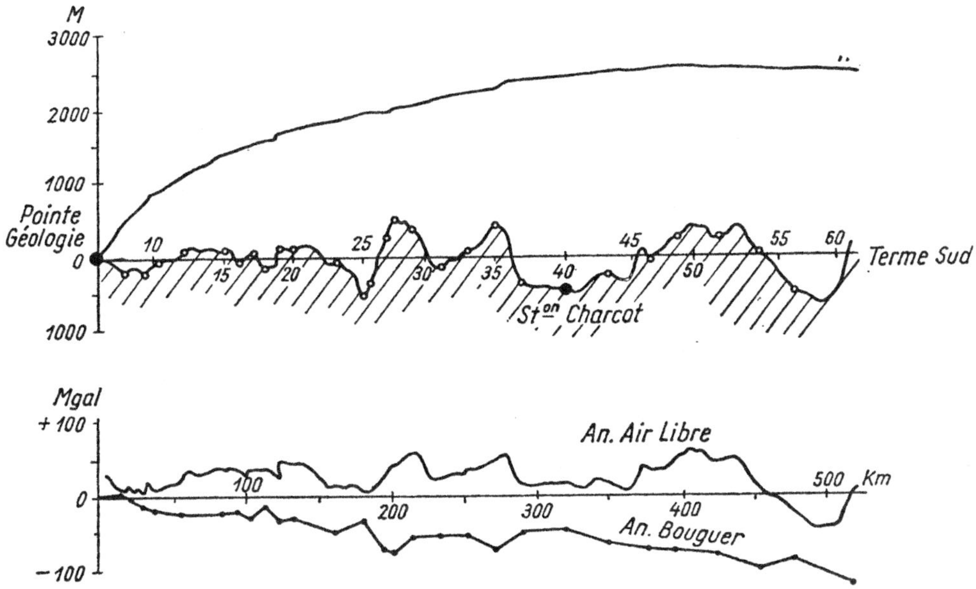

FIG. 2. Profil radial au Terre Adélie.

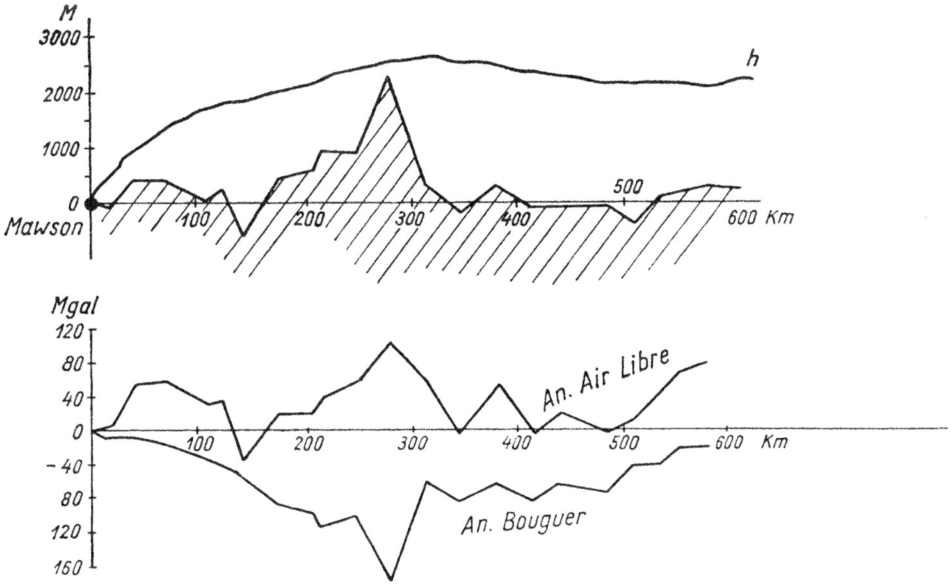

FIG. 3. Profil radial au sud de Mawson.
h = elevation surface

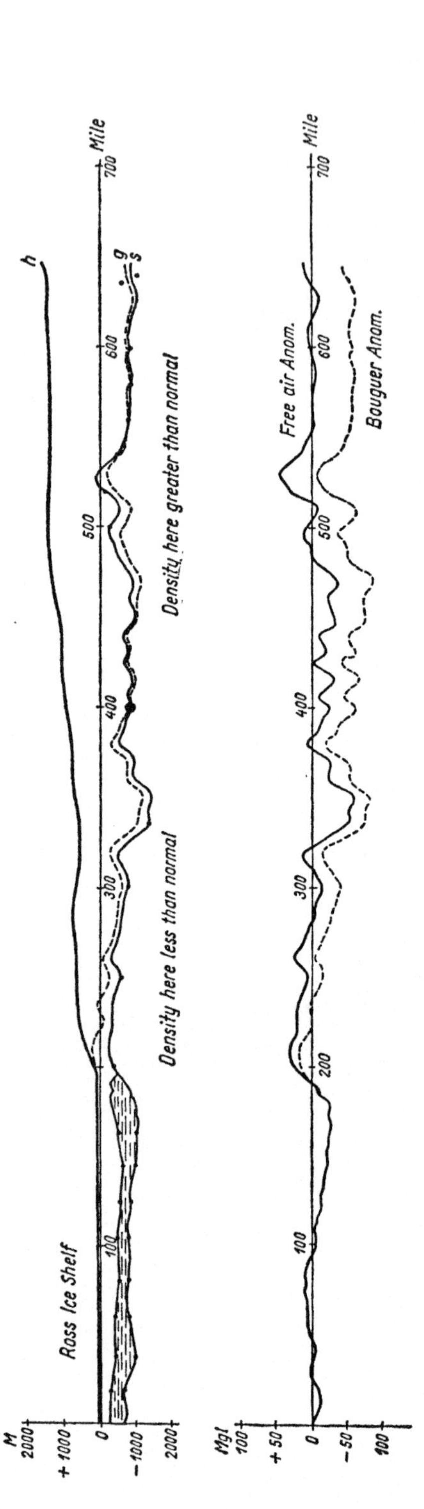

FIG. 4. Little America — Marie Byrd Station traverse.

h = elevation surface; *s* = rock surface from seismic data; *g* = rock surface from gravity data

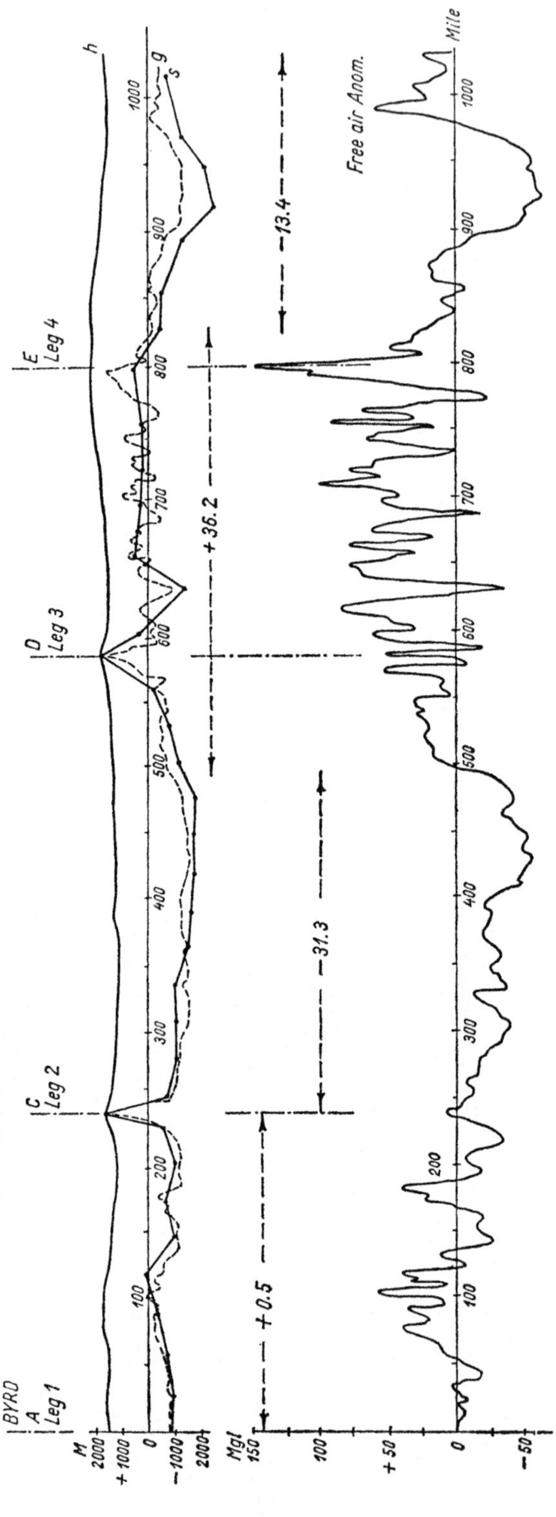

FIG. 5. Marie Byrd Land traverses.

h = elevation surface; *s* = rock surface from seismic data; *g* = rock surface from gravity data

La Fig. 5 représente le profil des 4 traverses dans Marie Byrd Land (extrait de la pub. *8* et de la pub. *11*).

Résultats: L'exploitation de ces derniers profils a contribué à l'établissement de la carte du relief sous-glaciaire de l'Antarctique Occidental, publié par C. R. BENTLEY et N. A. OSTENSO *(13)*. Dans cet important travail, il est montré « qu'un chenal d'une profondeur de plus de 2500 m au-dessous du niveau de la mer relie les Mers de Ross et de Bellingshausen—Amundsen, alors qu'il n'y a pas d'importante connexion topographique entre les mers de Ross et de Weddell. Ce chenal divise l'Antarctique Ouest en deux parties avec des granites et des roches d'origine sédimentaire à l'Est et au Sud, et une région volcanique au Nord Ouest . . . »

Les autres profils précédemment cités ont donné lieu à des études régionales décrites dans chacune des publications correspondantes.

On peut dire que, dans l'ensemble, il y a un bon accord entre l'épaisseur de glace déterminée par les sondages séismiques et celle déduite des anomalies de pesanteur, étant donné la précision qu'on peut attendre de cette dernière méthode: celle-ci est en effet très variable suivant la précision de l'altitude des stations gravimétriques (une erreur de 30 m entraîne une erreur de plus de 120 m sur l'épaisseur de glace), suivant l'espacement des stations séismiques de contrôle, suivant la valeur du coefficient de proportionnalité K (certains auteurs estiment que l'erreur sur la détermination expérimentale d'une valeur de K, peut seule entraîner une erreur de 24,4% *(31, p. 98)*.

Toutefois, dans certains cas, les écarts entre les deux profils séismique et gravimétrique peuvent atteindre plusieurs centaines de mètres. Plusieurs auteurs pensent que ces écarts sont dus totalement à une variation de la densité des roches sous-jacentes, plus forte dans le cas où le profil gravimétrique est au-dessous du profil séismique, plus faible dans le cas où le profil gravimétrique est au-dessus. C'est l'interprétation donnée par E. THIEL et N. A. OSTENSO pour les écarts visibles sur la fig. 4; c'est aussi l'interprétation de G. LAZAREV et P. A. SHOUMSKY pour les écarts situés vers le km 270 sur la fig. 1 (détail dans pub. *29)*.

D'autres observateurs ont trouvé une certaine systématicité entre ces écarts et pensent que ceux-ci mettent en évidence un déséquilibre isostatique (voir plus loin). Il est d'ailleurs difficile de séparer les deux causes, c'est la raison pour laquelle S. A. OUCHAKOV et G. LAZAREV *(29)* contestent certaines interprétations de variations de densité du Dr. WOOLLARD.

B) Equilibre isostatique du Continent Antarctique:

Plusieurs auteurs ont essayé de voir si le Continent Antarctique est en équilibre isostatique, en d'autres termes, si la surcharge glaciaire a produit un enfoncement de l'écorce terrestre. Le plupart estiment que dans l'ensemble l'équilibre isostatique est actuellement réalisé et appuient leur hypothèse sur les arguments suivants:

(1) *La valeur moyenne des anomalies de pesanteur (air libre ou isostatique) reste faible.*

En effet, sur un large plateau, les anomalies à l'air libre représentent en première approximation, les anomalies isostatiques. En outre, dans le cas où le

Continent, en équilibre avant la glaciation, n'aurait pas subi de réajustement postérieur, les anomalies de Faye devraient augmenter de la côte vers l'intérieur en même temps que l'épaisseur de la surcharge glaciaire.

Or, la moyenne des valeurs inscrites sur la carte d'ensemble (Carte 3) est voisine de zéro (environ + 4 mgal) et les plus fortes anomalies positives (environ 100 mgal) sont régionales et liées au contraire à une faible épaisseur de glace (parfois inférieure à 1000 m).

C. A. Ouchakov et G. E. Lazarev ont calculé, sur le profil Mirny-Pionerskaya, les anomalies moyennes prises sur une rayon de 118 km; ils ont appliqué une correction d'après les données séismiques et en ont déduit que l'anomalie moyenne de Faye résultante est voisine de zéro. La surcharge créée par la glace est donc compensée isostatiquement. *(29, p. 785)*

N. A. Ostenso et C. R. Bentley ont calculé, sur chacune des traverses de Marie Byrd Land, la valeur moyenne de Faye (Fig. 5); ils ont aussi évalué grossièrement l'anomalie isostatique et en ont conclu que les deux traverses 1 et 4 sont pratiquement en équilibre tandis que la traverse 2 présente des anomalies isostatiques négatives d'environ 20 mgal (valeur moyenne des anomalies à l'air libre: — 31 mgal pour une épaisseur glaciaire de 300 m) et la traverse 3 au contraire des anomalies fortement positives qui s'expliquent car cette traverse « runs laterally along the western edge of the Sentinel structure »; la moyenne de l'ensemble n'est cependant pas éloignée de zéro. *(11, p. III-3)*

Toutefois, dans une étude sommaire de « Victoria Plateau », J. C. Cook pense que le déficit de pesanteur de — 80 mgal que présente ce plateau par rapport à la base de Ross Land et à Little America peut être dû à un déséquilibre provoqué par la perte d'une épaisseur importante de glace dans les temps géologiques récents; la surface du plateau devrait donc s'élever lentement. *(10, p. II-10)*

(2) *Les anomalies de Bouguer deviennent de plus en plus négatives á mesure que l'on s'éloigne de la côte.*

Cette corrélation est facilement visible sur le profil radial de Terre Adélie (Fig. 2) où les anomalies diminuent régulièrement de +10 mgal à — 116 mgal en passant de la côte à 500 km à l'intérieur.

La même remarque peut être faite sur le profil radial au Sud de Mawson (Fig. 3) où les anomalies nulles vers la côte atteignent brusquement des valeurs de — 180 mgal à 280 km pour reprendre plus loin des valeurs de — 80 mgal; M. J. Goodspeed a ici attiré l'attention sur la rapide diminution des anomalies de Bouguer en bordure des continents, comme résultant de la compensation isostatique. *(3, p. 17).*

Dans une étude plus limitée, celle de la Wright Valley, C. Bull pense que la diminution des anomalies de Bouguer, à mesure qu'on s'éloigne de la côte et qu'on s'enfonce dans la région où la surface rocheuse du Mt. Olympe dépasse 1600 m, est aussi liée à l'épaississement de la croûte terrestre. Cette diminution de l'ordre de — 10 mgal près de la côte (Marble Point) atteint — 80 mgal dans la partie Ouest du Glacier et — 100 mgal dans la haute vallée entre les sommets rocheux du Mt. Olympe qui dépassent 1600 m. *(27, p. 549)*

Enfin, sur la carte générale des anomalies moyennes de Bouguer (Carte 4), on pourra constater que dans l'ensemble les anomalies positives sont lues en bordure du Continent Antarctique et les anomalies négatives importantes à l'intérieur même du Continent.

(3) *Le relief rocheux sous-glaciaire reste en-dessous du niveau de la mer.*

Cette affirmation se vérifie facilement sur les fig. 4 et 5. De plus, un calcul général sur la position du socle rocheux en-dessous des stations gravimétriques, a donné une valeur moyenne de — 110 m (voir Conclusion).

C. A. Ouchakov et G. E. Lazarev estiment que la plateforme continentale de l'Antarctique est en moyenne de 200 m en dessous de celle des autres continents, que le continent est devenu dans sa majeure partie un archipel d'îles car les plaines ou plateaux peu élevés se sont trouvés en dessous du niveau de la mer par suite de l'affaissement de l'écorce terrestre sous le poids de la glace (Fig. 1) *(29, p. 786).*

Sur la fig. 4 par exemple, la surface du socle est en moyenne à 600 m au-dessous du niveau de la mer alors que la surface glaciaire atteint 1500 m.

On peut donc conclure que la fonte de la glace entrainerait une remontée du niveau de la plateforme continentale évaluée par C. A. Ouchakov et G. E. Lazarev à 1 km puisque une couche de roche de densité 2,7 est à peu près équivalente à une couche de glace de 3 km, de densité 0,9. *(29, p. 786)*

C. R. Bentley et N. A. Ostenso attirent l'attention sur le fait que le chenal qui divise l'Antarctique Ouest en deux parties persisterait même après le soulèvement de la surface terrestre puisque la ligne de niveau actuelle de — 2500 m deviendrait approximativement une ligne de — 1900 m en dessous du niveau de la mer (compte tenu de la suppression de la calotte glaciaire et de la couche d'eau superficielle). *(13, p. 893).*

C) Précision sur l'épaisseur de l'écorce terrestre — Détermination locale de la profondeur de Mohorovicic:

(1) Outre les considérations générales du paragraphe précédent sur le fléchissement de l'écorce terrestre (ou de la surface de Moho) sous l'influence de la surcharge glaciaire, certains auteurs ont essayé de déterminer *localement* la variation de la profondeur de Mohorovicic à l'aide des anomalies de Bouguer.

C. R. Bentley et N. A. Ostenso signalent que les anomalies de Bouguer ont montré l'élévation de la discontinuité de Moho dans le chenal divisant l'Antarctique Ouest, indiquant un amincissement de la croûte terrestre.* *(12 & 13, p. 894)*

S. A. Ouchakov et G. E. Lazarev ont étudié le profil Mirny-Komsomolskaya; ils ont calculé qu'à Komsomolskaya, l'épaisseur est de l'ordre de 40 km et à Mirny, légèrement supérieure à 30 km (valeur de référence: 33 km au point oú l'anomalie est nulle). *(29)*

Un calcul semblable a été appliqué aux données gravimétriques japonaises dans la baie de Lützov-Holm; E. D. Koriakine conclut que la profondeur de la discontinuité de M passe de 35,7 km à Syowa jusqu'à 25 km dans la baie (valeur de référence 35 km à Mirny déterminée par les données séismiques, Evison).

* Note: on sait par ailleurs que, dans l'Antarctique, l'épaisseur moyenne de la croûte est de 35 km; sous « Marie Byrd Land », elle n'atteint que 25 km, c'est à dire ne correspond pas à une écorce vraiment continentale.

Il en déduit que la variation de M est plus rapide (68 m par km) dans la baie que dans la région de Mirny (17 m par km d'après FROLOV); en d'autres termes, le passage de l'écorce de type océanique à une écorce de type continental est plus brutal. *(35)*

(2) On pourrait rappeler ici un phénomène signalé par S. A. OUCHAKOV et G. E. LAZAREV: la présence d'un minimum dans les anomalies de Faye, sur le pourtour du Continent Antarctique: au nord de Mirny, dans la mer Davis, l'anomalie atteint rapidement un minimum de près de — 30 mgal (Fig. 6), à la limite de la falaise de glace. *(29)*

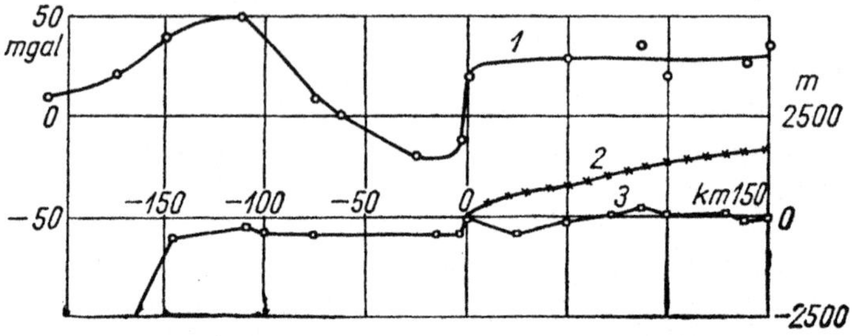

Fig. 6: Minimum des anomalies de Faye au bord du bouclier glaciaire
(1) graphique des anomalies de Faye,
(2) surface actuelle de la glace,
(3) relief du fond rocheux d'après les données de sondage séismique et de sondage (acoustique).

Un minimum semblable est visible sur le profil Little America-Marie Byrd Land (Fig. 4), à 50 km environ du plateau continental, au-dessus de « Ross Ice Shelf ».

Pour les premiers auteurs, ce minimum reste inexpliqué et pourrait être dû à une inhomogénéité de densité des roches, à un affaissement local autour du glacier ou à un affaissement résiduel de l'écorce terrestre puisque le glacier antarctique était autrefois plus étendu. Pour les autres, le minimum gravimétrique est lié à une augmentation probable de la profondeur de la Mer de Ross.

D) Etudes locales:

En dehors des études générales déjà signalées, nous citerons quelques recherches de semi-détail qui ont précisé certains traits de la surface rocheuse sousjacente:

— Etude des extensions sous-glaciaires de « Prince Charles Mountains », à 80 km à l'Est des traverses partant de Mawson, en particulier recherche de la limite du drainage de la glace sous le « Lambert Glacier ». *(6, p. 5)*

— Profil gravimétrique de demi-détail près de Mawson afin de déterminer le prolongement des « Framnes Mountains »: le relief sous-glaciaire n'est pas exactement celui qu'on pouvait attendre des alignements des montagnes: l'orientation générale est approximativement dans une direction Nord-Est. *(profil, pub. 6)*

— Existence probable d'un fjord sous-glaciaire très profond à versant abrupt dans la région de Pointe Géologie, en Terre Adélie, car le gradient des anomalies est très important (12 mgal au km). *(20)*

— Détermination du niveau du fond rocheux en bordure de la langue glaciaire, dans la région de Pointe Géologie à l'aide des anomalies de Bouguer. *(20)*

— Etude des dépressions sous-glaciaires aux extrémités de la plateforme continentale et sous la langue glaciaire dans la région de Lazarev. Les auteurs russes ont montré que la profondeur maxima de la dépression a été observée vers l'extrémité du glacier; sous la station Lazarev, la profondeur de l'océan est de 704 m. Ces résultats ont été obtenus en comparant les anomalies observées de Bouguer aux anomalies de points dont la structure et la morphologie sont connues (sondages séismiques, forages, mesures hydrologiques). *(30)*

— Etude de détail dans la Wright Valley de Victoria Land (déjà mentionnée). Le gradient est environ de 5 mgal/km près de la côte et seulement de 1 mgal le long de la vallée. *(27)*

CONCLUSION

Pour illustrer cette vue d'ensemble, et appuyer les arguments groupés dans les pages précédentes, nous avons établi:

Une carte des anomalies moyennes de Faye (Carte 3 hors texte):

Sur cette carte schématique de l'Antarctique, ont été reportées les valeurs moyennes des anomalies évaluées pour des compartiments de 1° (latitude) sur 2° (longitude).

Le calcul a été fait à partir des 2200 résultats gravimétriques classés dans l'Annexe.

Comme on l'a dit précédemment, la moyenne des anomalies moyennes ainsi calculées est de l'ordre de +4 mgal.

Une carte des anomalies moyennes de Bouguer (Carte 4 hors texte):

Cette carte a été établie de la même manière que la carte précédente; toutefois, les valeurs moyennes sont moins nombreuses ou ont été évaluées avec moins de données car, pour certaines campagnes (Ellsworth traverse, par exemple . . .) les épaisseurs de glace en-dessous des stations gravimétriques nous étaient inconnues.

En effet, les anomalies de Bouguer indiquées sur cette carte sont les anomalies obtenues en retranchant l'action de *toutes les masses connues* situées au-dessus du niveau d'altitude zéro, (glaciaires de densité 0,9 et rocheuses de densité 2,67) et en comblant le déficit dû à l'enfoncement du socle sous-glaciaire en-dessous de la surface d'altitude zéro.

Suivant leur amplitude, ces anomalies représentent donc des irrégularités de densité des couches rocheuses les plus superficielles ou des variations importantes de l'épaisseur de l'écorce terrestre (négligeant les faibles variations de densité glaciaire).

Certains auteurs ont calculé les anomalies de Bouguer en tenant compte uniquement des masses situées au-dessus du niveau d'altitude zéro et en admettant que toutes ces masses ont une densité uniforme, par exemple 0,9. Il nous a semblé préférable d'omettre les résultats pour lesquels nous ne possédions aucune indication sur la position du socle rocheux et de présenter une carte homogène sur laquelle pourront être ajoutés, au fur et à mesure des publications, les nouveaux résultats.

Un graphique montrant la corrélation des anomalies moyennes de Bouguer et des altitudes moyennes « réduites » des stations gravimétriques (Fig. 6):

Ces altitudes moyennes « réduites » correspondent aux anomalies moyennes de Bouguer décrites précédemment mais limitées aux compartiments de latitude supérieure à 70°; elles représentent l'altitude moyenne fictive du terrain tel que la masse de chaque tranche verticale serait conservée et tel que la densité serait uniformément égale à 2,67. En d'autres termes, ces altitudes ont été obtenues en ajoutant à l'altitude réelle du socle rocheux le tiers de l'épaisseur de la glace sus-jacente (à cause du rapport des densités 0,9 et 2,67).

(1) La carte 3, la plus complète, montre immédiatement l'étendue des travaux réalisés jusqu'á ce jour, travaux dont l'ampleur mérite d'être soulignée étant donné les difficultés matérielles qu'ils ont exigées, et dont l'importance est grande puisqu'ils ont fourni déjà de nombreux renseignements et ouvert la porte à de nouvelles recherches.

Nous regrettons de n'avoir pas eu connaissance de tous les résultats obtenus au cours de l'A. G. I. Nous espérons que bientôt cette carte pourra être complétée par de nouveaux résultats ainsi que par les résultats définitifs de la « Commonwealth Trans Antarctic Expedition » qui relia Scott Base à Shackleton en passant par le Pôle Sud.

(2) Dans son ensemble, l'équilibre du Continent Antarctique actuel suit la loi classique de l'isostasie, comme le montre le graphique ci-joint (Fig. 7)

Les points représentatifs se répartissent autour d'une ligne qui passerait vers l'origine (compensation parfaite) et dont la direction serait approximativement celle de la droite théorique D correspondant à la compensation parfaite d'une plateau homogène de densité 2, 7.

On notera que cette direction serait légèrement modifiée si l'ou tenait compte de l'étendue de la surface couverte par les points représentatifs et par suite de la courbure de la terre; aussi n'est-il pas possible de déduire une valeur exacte pour la densité moyenne de l'écorce terrestre à cause des écarts systématiques entre les points d'altitude élevée et ceux d'altitude nulle ou même négative.

On peut affirmer qu'il n'y a pas une sous-compensation générale qui correspondrait à la position du socle sous-glaciaire; en effet, si l'on remplace sur le graphique précédent les altitudes « réduites » par les altitudes moyennes du socle sous-glaciaire (Fig. 8) les points représentatifs se répartissent, mais avec une plus grande dispersion autour d'une ligne moyenne dont l'ordonnée à l'origine serait environ — 800 m; cette valeur correspond approximativement à l'épaisseur moyenne de la glace, de densité trois fois plus faible que le socle rocheux.

On retrouve un résultat analogue en considérant les moyennes des 165 anomalies moyennes portées sur la carte 4 ou utilisées sur le graphique:

Anomalie moyenne de Bouguer	= — 71 mgal
Altitude moyenne « réduite »	= + 650 m
Altitude moyenne du socle rocheux	= — 110 m
Epaisseur moyenne de la glace	= 2300 m

L'anomalie moyenne de Bouguer correspond à la compensation parfaite d'une couche de 650 m d'épaisseur et non pas à celle de — 110 m.

(3) De plus, la dispersion des points représentatifs autour de la ligne moyenne, ainsi que la comparaison des cartes 3 et 4 pourraient fournir des indications régionales:

On a vérifié par exemple sur la fig. 7 que certains points représentatifs très au-dessous de la ligne moyenne (altitude trop faible par rapport à l'anomalie)

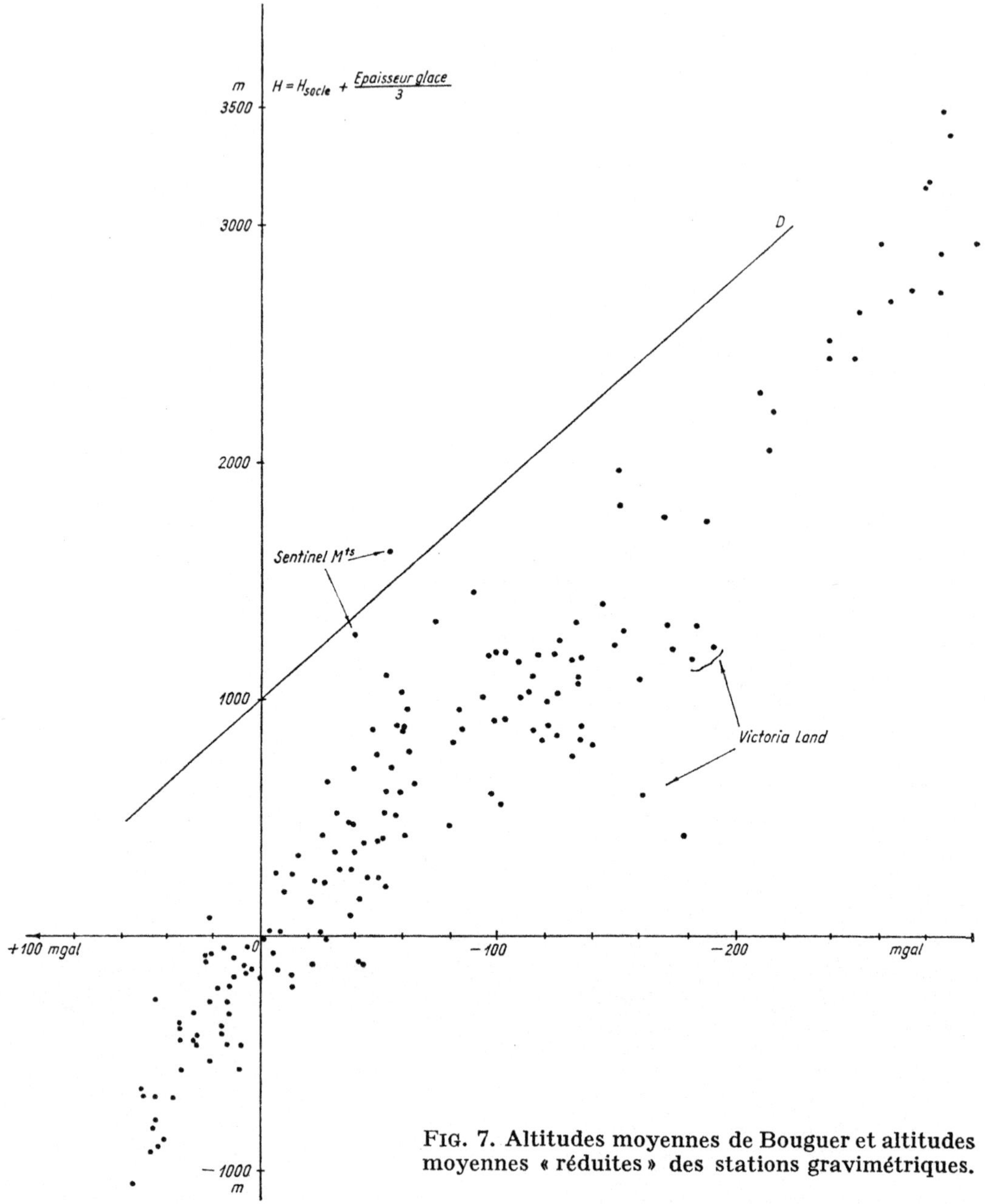

FIG. 7. Altitudes moyennes de Bouguer et altitudes moyennes « réduites » des stations gravimétriques.

correspondaient à la région de Victoria Land et confirmaient la remarque de J. C. COOK signalée précédemment.

Le phénomène contraire est observé pour quelques points de Sentinel Mountains, comme si les altitudes considérées étaient trop fortes pour les anomalies correspondantes.

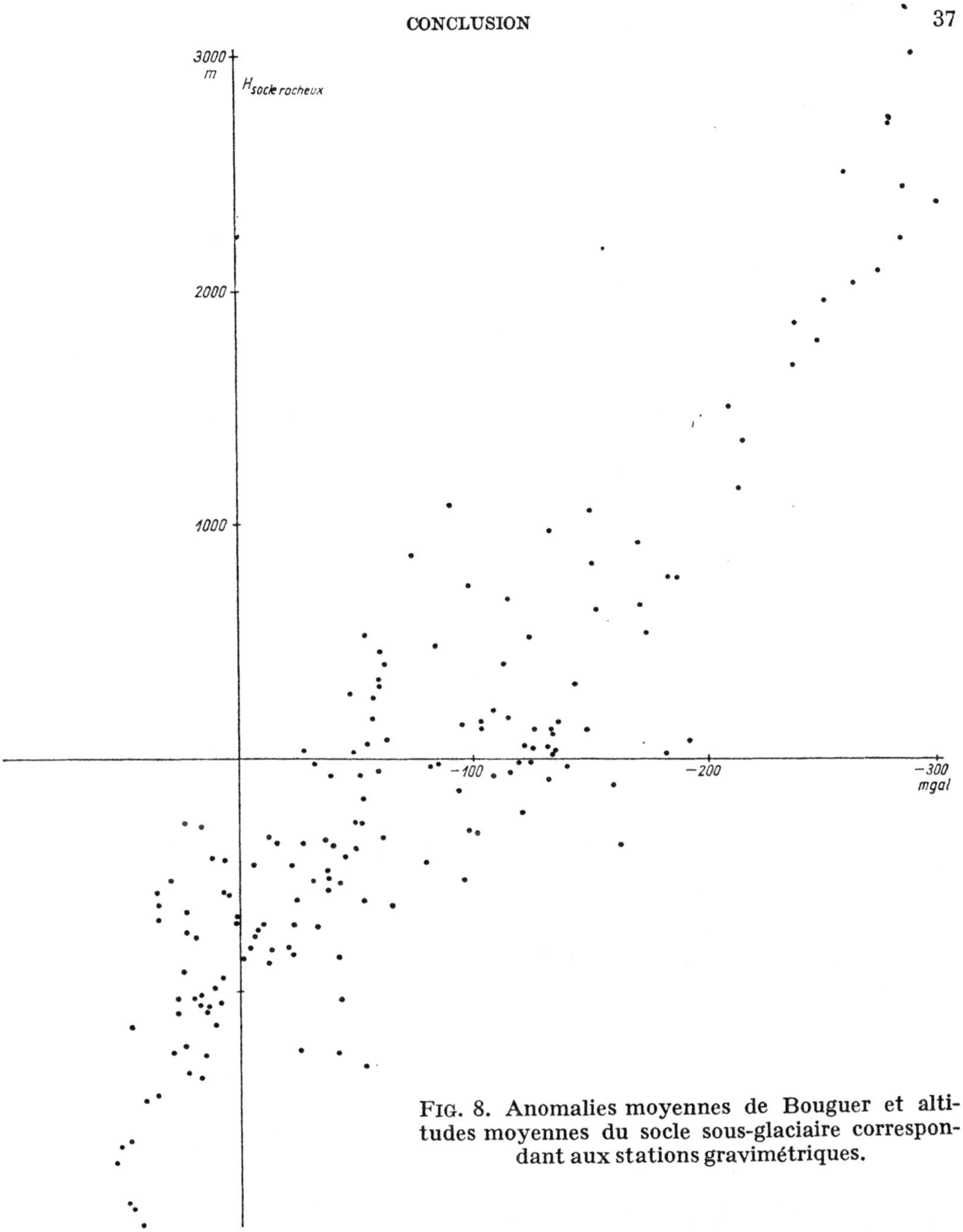

FIG. 8. Anomalies moyennes de Bouguer et altitudes moyennes du socle sous-glaciaire correspondant aux stations gravimétriques.

Enfin, la carte 4 qui permet de se rendre compte immédiatement des grandes variations de l'épaisseur de l'écorce terrestre trouverait peut-être sa place dans des études plus générales sur la constitution du Continent Antarctique.

S. CORON
Bureau Gravimétrique International
Paris, 1962

BIBLIOGRAPHIE

ARGENTINE

1 — INSTITUTO GEOGRAFICO MILITAR ARGENTINO — Determinaciones gravimétricas — Texte ronéotypé: résultats et descriptions des stations, 1958.

2 — COMITE NACIONAL... — Informe Nacional presentado a la Associacion Internacional de Geodesia (Helsinki, 1960). Tableaux.

AUSTRALIE

3 — M. J. GOODSPEED — Preliminary Report on measurements of ice thickness on the antarctic ice cap by seismic and gravimetric methods. — Bur. Min. Res., Records 1958, n°40.

4 — J. C. DOOLEY — National Report on Gravity in Australia, may 1959 — Bur. Min. Res., Records 1959, n°97.

5 — COMMONWEALTH of AUSTRALIA — National Report, Part IV, Gravimetry — General Assembly of IUGG, Helsinki, 1960.

6 — M. J. GOODSPEED & E. E. JESSON — Australian Ice Thickness measurements in Antarctica by seismic and gravity methods 1957—59 — Bur. Min Res., Records 1959, n°128.

BELGIQUE

7 — COMITE NATIONAL de RECHERCHES POLAIRES de BELGIQUE — Rapport Scientifique.

ETATS UNIS

8 — G. P. WOOLLARD — Preliminary Reports on the IGY pendulum, gravimeter and seismological programs at the University of Wisconsin — IGY General Rep. Series, n°3, July 1958, Nat. Acad. Sci.

9 — U. S. NATIONAL COMMITTEE for the IGY — United States Program for the International Geophysical Year, 1957—58 — IGY General Rep. Series n°5, Sept. 1959, Nat. Acad. Sci.

10 — AMERICAN GEOGRAPHICAL SOCIETY — Preliminary Reports on the Antarctic and Northern hemisphere glaciology programs — IGY Glaciological Report Series, n°1, July 1958.

E. THIEL, N. A. OSTENSO... — IGY Antarctic Oversnow Traverse Program, 1957—58.

J. C. COOK — Preliminary Airlifted Geophysical Explorations in Antarctica.

11 — AMERICAN GEOGRAPHICAL SOCIETY — Oversnow Traverse Programs, Byrd and Ellsworth Stations, Antarctica, 1957—58— IGY Glaciological Report Series, n°2, July 1959.

E. THIEL — Gravity Base Stations, Antarctica.

N. A. OSTENSO & C. R. BENTLEY — Gravity and Magnetic Studies on the Marie Byrd Land Traverses, 1957—58; a preliminary Report.

E. THIEL & J. C. BEHRENDT — Gravity and Magnetic Measurements on the Ellsworth Oversnow Traverse, 1957—58.

12 — C. R. BENTLEY, A. P. CRARY... — Structure of West Antarctica, — Science, vol. 131, n°3394, 1960, p. 131—136.

13 — C. R. BENTLEY & N. A. OSTENSO — Glacial and Subglacial Topography of West Antarctica — Journ. Glaciology, vol. 3, n°29, March 1961.

14 — F. F. EVISON, C. E. INGHAM ... — Thickness of the Earth's Crust in Antarctica and the surrounding Oceans — The Geophy. Journ., vol. 3, n°3, 1960, p. 289—306.
15 — HARTOG — Thesis, Montana School of Mines, Butte, Montana (d'après lettre de C. R. BENTLEY 24 avril 1962).
15bis — J. G. WEIHAUPT — Geophysical Studies in Victoria Land, Antarctica — Res. Rep. Series N° 1, oct. 1961, Univ. Wisconsin (Results of 1959—1960).
16 — J. C. BEHRENDT, R. J. WOLD & T. S. LAUDON — Gravity Base Stations in Antarctica — The Geophy. Journ., vol. 6, n°3, 1962, p. 400—405.

FRANCE

17 — P. STAHL — Expédition en Terre Adélie 1951—1953, Gravimétrie; Rapports préliminaires n°24, 2ème partie — Exp. Pol. Franç., Paris, 1954.
18 — P. STAHL — Liaison gravimétrique France-Terre Adélie — Exp. Pol. Franç., Exp. Antarc. n°S. III. 3, Paris, 1958.
19 — SOUS-COMITE ANTARCTIQUE FRANCAIS AGI — Rapport d'activité des Expéditions Antarctiques Françaises 1957—59, Paris, Juin 1959.
20 —G. ROUILLON — Variation de la pesanteur dans la région de Pointe Géologie en Terre Adélie — C. R. Acad. Sci., t. 251, 1960, p. 570—572.
21 — G. ROUILLON — Anomalies de la pesanteur et profil de la calotte glaciaire antarctique en Terre Adélie — C. R. Acad. Sci., t. 251, 1960, p. 762—764.
22 — G. ROUILLON — Mesures gravimétriques en France, dans l'Antarctique (Terre Adélie) et en Polynésie (Iles de la Société, Tuamotu) de 1957 à 1960 — A. G. I., Com. Cent. Exp. Sci., C. N. R. S., Paris, 1962.

GRANDE BRETAGNE

23 — J. G. D. PRATT — A gravity traverse of Antarctica — Trans-Antarctic Exp. 1955—1958, Sci. Rep., n°2, 1960.

JAPON

24 — Y. HARADA, H. SUZUKI & S. OHASHI — Report on the Gravity Measurements by the Japanese Antarctic Research Exp. — Antarct. Rec., n°6, p. 334—345, Tokyo, 1959.
25 — T. OKUDA — Japanese Contribution to the International Geophysical Year 1957—58, Section XIII, Gravimetry — Nat. Com. IGY, vol. II, march 1960, p. 167—176, Tokyo.

NOUVELLE ZELANDE

26 — T. HATHERTON — New Zealand IGY Antarctic Expeditions, Scott Base and Hallett Station — Dept. Sci. & Ind. Res., Bul. 140, 1961, p. 117—119.
27 — C. BULL — Gravity Observations in the Wright Valley Area, Victoria Land, Antarctica Journ. Geol. & Geoph., New Zealand, nov. 1960, vol. 3, n°4, p. 543—552.

POLOGNE

28 — Z. ZABEK & J. SLEDZINSKI — Liaison gravimétrique Varsovie-Antarctique (st. A. B. Dobrowolski) — Comm. présentée à la réunion de la Comm. Grav. Int., Paris (1959) et à la XIIème Assemblée de l'UGGI (Helsinki, 1960).

UNION SOVIETIQUE

29 — C. A. OUCHAKOV & G. E. LAZAREV — Sur un fléchissement isostatique de l'écorce terrestre dans l'Antarctique sous le poids de la surcharge glaciaire — Mém. Acad. Sci., 1959, t. 129, n°4, p. 785—788.
30 — A. I. FROLOV et E. D. KORIAKINE — Etude du relief sous-glaciaire dans la région de Lazarev par la méthode gravimétrique — Bul. Inf. Exp. Antarct. Sov., Léningrad, 1960, p. 33—36.

31 — G. E. LAZAREV & P. A. SHUNSKIY — Résultats préliminaires des déterminations gravimétriques de l'épaisseur de la couverture glaciaire. — Deux. Exp. Cont. 1956—58. Ann. Geoph. Int., Exp. Antarc. Sov., Léningrad, n°10, p. 96—100.
32 — A. V. NUDELMAN — Soviet Antarctic Expeditions 1958—1960 — Ann. Geoph. Int. Acad. Sci. URSS, Moscou 1960, résumé en anglais p. 97—98.
33 — S. N. SCHEGLOV — Geodetic and Gravimetrical Works of the Fourth Soviet Antarctic Expedition, Ann. Geoph. Int. — Bul. Inf., n°9, Moscou, 1961, p. 1—16.
34 — A. G. GAYNANOV — Déterminations pendulaires de g pendant le Ier voyage antarctique du navire « Obi » — Bul. Inf. Exp. Antarc. Sov., Léningrad, n°22, p. 48—50.
35 — E. D. KORIAKINE — Gradient de pesanteur dans la baie Lutzov-Holm — Bul. Inf. Exp. Antarct. Sov., Léningrad, n°25, p. 39—41.
36 — J. BOULANGER — Information de Mai 1962.
37 — ACADEMIE de L'URSS — Catalogue des Stations Gravimétriques dans l'Antarctique Moscou, 1962.

ANNEXE

LISTE DES RESULTATS GRAVIMETRIQUES DANS L'ANTARCTIQUE

Dans les pages suivantes sont groupées toutes les données qui sont parvenues au Bureau Gravimétrique International:

	stations
(I) Expédition Argentine (1957—1958)	17
(II) Expéditions des Etats Unis	
(A) Little America-Byrd station Traverse (1957)	125
(Ba) Sentinel Mountains Traverse (1957—1958)	363
(Bb) Horlick Mountains Traverse (1958—1959)	267
(C) Victoria Land Traverse (1958—1959)	240
(C') Victoria Land Traverse (1959—1960)	361
(D) Ellsworth Oversnow Traverse (1957—1958)	221
(III) Expédition Française (1958—1959)	199
(IV) Expéditions Japonaises (1957—1958 et 1958—1959)	22
(V) Expéditions Néo-Zélandaises (1957—1958 et 1958—59)	100
(VI) Expéditions Soviétiques (1958—1959 et 1959—1960)	
(A) Traverse principale Mirny-Vostok I-Komsomolskaya	73
(A') Traverse principale Mirny . . . Vostok II par Pionerskaya, Vostok I, Komsomolskaya	38
(B) Traverse Mirny-Komsomolskaya-Vostok I	85
(C) Traverse Vostok II . . . Pôle Sud	31
(D) Traverse Komsomolskaya-Polyus Nedostupnosti	48
(E) Points sur glace de mer	10
	2200 stations

Une présentation uniforme a été adoptée pour donner plus d'homogénéité à l'ensemble des travaux; dans certains cas, les tableaux originaux ont été complétés par le calcul des anomalies à l'air libre et des anomalies de Bouguer.

Colonne 1: désignation des stations,
2: latitude,
3: longitude,
4: H, altitude du point d'observation, en mètres, comptée par rapport au niveau de la mer,
5: valeur de g observé en milligals,
6: anomalie de Faye (air libre) en milligals,
7: h_r, position du socle sous-glaciaire (rocher) par rapport au niveau de la mer, en mètres; ou dans le cas de « ice shelf », profondeur de la mer,
8: épaisseur de glace en mètres,
9: anomalie de Bouguer réduite au niveau de la mer, en milligals. Ces anomalies ont été calculées en tenant compte de la correction d'altitude et de plateau.

Pour les stations sur rocher, cette dernière correction a été faite avec une densité unique (généralement voisine de 2,67) correspondant à la densité moyenne de l'écorce terrestre,

Pour les stations sur la calotte glaciaire, cette dernière correction a été décomposée en deux: l'une, correspondant à une couche de glace (donnée par l'épaisseur en ce point) l'autre correspondant à l'épaisseur de terre entre le socle sous-glaciaire et le niveau zéro (lorsque le socle sous-glaciaire est en dessous du niveau zéro, le signe de cette dernière correction est évidemment inversé).

Remarques:

(1) Lorsque le relief du socle sous-glaciaire n'est pas connu, les anomalies de Bouguer ont été simplement calculées en tenant compte d'une correction de plateau de glace d'épaisseur H. La densité 0,9 a été utilisée. De plus, dans l'Annexe D, on a reproduit également les réductions originales faites avec les densités 0,4—2,67 et 2,80.

(2) Quelques informations supplémentaires sur les stations, sur certaines corrections topographiques ont été ajoutées le cas échéant.

(3) Le calcul des anomalies de Bouguer dont la continuité est bien connue, a permis de détecter quelques erreurs ou imprécisions; dans tous les cas, les valeurs douteuses ont été signalées et la correction a été faite chaque fois que d'autres données le permettaient.

(I) EXPEDITION ARGENTINE (Instituto Geografico Militar)

Station de référence: ESPERANZA g = 982 243,3 mgal *(2)*

On notera que ces stations s'échelonnent depuis Southern Sandwich Island jusqu'à Palmer Peninsula (voir Carte 2).

Stations	Latitude S.	Longitude W. G.	Altitude m	g obs. 982...	An. Faye	h roche m	glace m	An. Boug. 2,67
Zavoloshi	56°20'5	27°44'5	15	*828,9	+206			+204
Thule	59°27'5	16'0	5	044,2	+164			+163
Orcades	60°43'0	44°46'9	4	144,7	+166			+166
Ardley	62°12'7	58°53'8	12	210,8	+122			+121
Potter	14'2	53'5	5	234,3	+141			+140
Media Luna	62°36'0	59°53'5	21	234,3	+119			+117
Caleta Pendulo	56'2	60°36'3	3	209,6	+ 64			+ 64
Decepcion	58'9	43'1	11	215,0	+ 68			+ 67
ESPERANZA	63°21'9	56°59'7	3	243,3	+ 66			+ 66
Dundee	28'6	09'4	3	227,6	+ 42			+ 42
Melchior	64°19'7	62°59'0	5	282,7	+ 37			+ 36
Almte Brown	53'7	52'4	7	289,9	+ 5			+ 4
Petermann	65°11'5	64°10'1	2	324,5	+ 18			+ 18
Isla Freytag	67°53'0	68°54'0	0,5	510,4	+ 25			+ 25
San Martin	68°07'9	67°08'0	2	500,4	− 0			0
Halley Bay	75°31'0	26°36'0	33	913,8	+ 28			+ 24
Gal Belgrano†	77°57'0	38°30'8	32	945,8	− 39			− 35

* = 981 ... gals
† = Royal Society Base (station du Dr. FUCHS)

(II) EXPEDITIONS DES ETATS UNIS

A) LITTLE AMERICA-BYRD STATION Traverse *[11, p. III-24, 25 — 13, p. 896 . . .]*

Station de référence: MCMURDO Bldg 30 g = 982 992,8 mgal

Les numéros des stations se réfèrent aux « statute miles » à partir de Little America V, et la profondeur du socle sous-glaciaire comptée par rapport au niveau de la mer résulte des observations séismiques et gravimétriques.

Les épaisseurs de glace des premières observations parues dans *(11)* n'ont pas été indiquées parce qu'elles ne « doivent pas être utilisées » (Lettre de R. Bentley, 1962).

* sondages séismiques.

Stations	Latitude S.	Longitude W. G.	Altitude m	g obs. 982...	An. Faye	h roche m	glace m	An. Boug. 0,9
Little America	78°11'9	162°16'0	43	983,1	− 7,7			− 9
,,	12'0	15'0	48	980,7	− 8,6			−10
6	16'2	161°59'0	49	971,9	−19,6			−21
9	17'6	49'0	51	970,3	−21,4			−23
14	21'0	36'0	56	969,5	−22,7			−25
20	24'0	20'0	59	978,3	−15,3			−17
25	78°28'1	161°06'0	60	985,8	− 9,4			−12
30	31'4	160°51'0	62	989,5	− 7,0			− 9
35	34'7	37'0	62	989,2	− 9,3			−12
40	38'0	22'0	65	986,6	−12,9			−15
45	41'3	08'0	66	989,5	−11,6			−14
50	78°44'6	159°54'0	68	996,4	− 6,0			− 9
55	47'9	40'0	68	⊕001,2	− 3,1			− 6
60	51'3	25'7	72	⊕002,7	− 2,3			− 5
65	54'1	09'0	74	⊕003,1	− 2,9			− 6
70	56'8	158°43'0	74	⊕005,8	− 1,7			− 5
75	78°58'6	158°26'0	76	⊕008,2	+ 0,3			− 3
80	79°02'3	19'5	79	⊕008,2	− 0,9			− 4
85	05'2	157°01'0	80	⊕012,4	+ 2,0			− 1
90	08'1	43'0	82	⊕007,6	− 3,8			− 7
95	10'9	25'0	82	⊕004,7	− 8,3			−11
100	79°13'8	157°06'5	78	⊕005,5	−10,4			−13
105	16'2	156°47'9	78	⊕007,1	−10,1			−13
110	18'5	29'2	77	⊕003,9	−14,9			−18
115	20'8	10'6	75	⊕003,1	−17,5			−20
120	23'1	155°51'9	75	999,1	−22,8			−26
125	79°24'6	155°31'6	76	⊕002,6	−19,8			−23
130	26'0	09'2	76	⊕000,2	−23,0			−26
135	27'5	154°47'9	76	999,6	−24,4			−27
140	28'9	26'5	77	996,7	−27,7			−31
145	30'5	03'9	74	994,3	−31,9			−35

⊕ = 983 . . . gals

Stations	Latitude S.	Longitude W. G.	Altitude m	g obs. 982...	An. Faye	h roche m	glace m	An. Boug. 0,9	An. Boug. 0,9—2,67
150	79°32′0	153°41′2	72	997,5	−30,2			−33	
155	33′6	18′6	69	997,0	−32,5			−35	
160	35′2	152°56′0	69	996,4	−33,9			−37	
165	35′0	32′4	70	992,2	−37,7			−40	
170	34′9	08′7	66	995,9	−35,2			−38	
175	79°34′7	151°45′1	63	996,7	−35,2			−38	
180	34′5	21′5	61	996,7	−35,7			−38	
184	35′3	02′5	58	⊕012,2	−21,6			−24	
187	31′2	05′8	57	⊕006,8	−25,1			−27	
191	27′7	08′0	71	⊕013,8	−11,8			−15	
195	79°26′8	150°51′	181	997,5	+ 6,3	− 368	549		+27
*200	26′1	25′	288	973,0	+15,2	− 247	535		+23
205	24′9	02′	359	955,6	+20,4	− 178	537		+20
210	23′6	149°23′	410	939,9	+21,1	− 170	580		+18
215	22′4	17′	445	921,2	+13,9	− 270	715		+17
220	79°21′1	148°54′	479	904,2	+ 8,1	− 349	828		+16
225	19′5	32′	523	892,2	+10,5	− 319	842		+14
230	18′0	11′	561	879,1	+10,0	− 328	889		+13
235	16′4	147°50′	573	872,4	+ 7,9	− 357	930		+13
240	14′8	29′	591	862,6	+ 4,5	− 405	996		+12
245	79°12′7	147°08′	603	852,2	− 1,0	− 481	1084		+12
*250	10′7	146°38′	603	847,1	− 5,0	− 537	1140		+12
255	08′6	28′	633	838,3	− 3,4	− 509	1142		+11
260	06′5	08′	679	839,6	+13,3	− 278	957		+ 8
265	04′2	145°48′	699	822,8	+ 3,9	− 399	1098		+ 7
270	79°02′0	145°28′	726	807,9	− 1,4	− 465	1191		+ 6
275	78°59′7	08′	746	798,8	− 3,0	− 481	1227		+ 5
280	57′4	144°49′	753	787,9	−10,4	− 576	1329		+ 4
285	54′3	34′	753	785,2	−11,4	− 584	1337		+ 4
290	51′1	19′	733	786,0	−14,9	− 625	1358		+ 4
295	78°48′0	144°04′	722	784,7	−17,8	− 660	1382		+ 4
*300	44′8	143°49′	719	775,9	−25,7	− 761	1480		+ 4
305	45′5	24′	717	784,0	−18,6	− 671	1388		+ 4
310	46′3	142°59′	707	793,5	−12,7	− 597	1304		+ 5
315	47′0	34′	688	811,6	− 0,9	− 443	1131		+ 6
320	78°47′7	142°09′	613	816,1	+ 1,7	− 413	1026		+ 9
325	47′7	141°46′	656	797,2	−25,5	− 789	1445		+ 8
330	47′7	25′	652	778,0	−46,0	−1073	1725		+ 9
335	47′7	02′	645	765,7	−60,4	−1275	1920		+10
340	47′7	140°40′	648	764,1	−61,1	−1290	1938		+10

⊕ = 983... gals.

Stations	Latitude S.	Longitude W. G.	Altitude m	g obs. 982...	An. Faye	h roche m	glace m	An. Boug. 0,9—2,67
345	78°47'5	140°19'	653	760,1	−63,4	−1327	1980	+10
*350	47'2	139°58'	649	754,0	−70,6	−1431	2080	+11
355	47'0	37'	663	761,2	−59,0	−1269	1932	+10
360	46'7	16'	690	775,6	−36,1	− 952	1642	+ 8
365	46'3	138°54'	719	765,5	−37,0	− 959	1678	+ 7
370	78°45'9	138°31'	737	757,5	−39,2	− 984	1721	+ 6
375	45'4	09'	745	777,2	−16,7	− 673	1418	+ 5
380	45'0	137°46'	786	779,9	− 1,2	− 458	1244	+ 3
385	45'1	24'	814	757,2	−15,3	− 644	1458	+ 2
390	45'2	01'	848	745,5	−16,5	− 655	1503	+ 0
395	78°45'3	136°39'	884	724,4	−26,6	− 786	1670	− 2
*400	45'4	17'	909	706,0	−37,3	− 926	1835	− 3
405	45'3	135°53'	957	708,9	−19,6	− 688	1645	− 5
410	45'3	29'	1007	683,6	−29,4	− 823	1830	− 6
415⊕	45'3	05'	1006	673,2	−40,1	−1012	2018	− 3
420	78°45'2	134°41'	1033	685,5	−19,4	− 691	1724	− 7
425	44'4	21'	1095	674,3	−11,1	− 581	1676	− 9
430	43'6	02'	1133	645,2	−28,0	− 813	1946	−11
435	42'7	133°42'	1128	650,0	−24,2	− 762	1890	−10
440	41'9	23'	1160	647,1	−16,7	− 663	1823	−11
445	78°41'2	132°59'	1191	613,2	−40,7	− 990	2181	−12
*450	40'5	35'	1233	598,3	−42,2	−1012	2245	−14
455	39'7	11'	1248	596,9	−38,5	− 947	2195	−15
460	39'0	131°47'	1277	595,9	−30,2	− 820	2097	−17
465	38'2	27'	1296	579,3	−40,4	− 944	2240	−19
470	78°37'4	131°07'	1331	561,4	−47,1	−1019	2350	−22
475	36'5	130°47'	1374	558,5	−36,2	− 857	2231	−24
480	35'7	28'	1387	576,9	−13,3	− 532	1919	−26
490	41'5	129°50'	1384	587,9	− 6,6	− 426	1810	−27
495	44'4	31'	1381	604,7	+ 7,6	− 219	1600	−28
*500	78°47'3	129°13'	1404	592,1	+ 0,4	− 301	1705	−30
505	50'0	128°56'	1412	576,2	−14,6	− 531	1943	−28
510	52'7	39'	1415	569,2	−22,2	− 661	2076	−27
515	55'3	22'	1455	584,1	+ 3,6	− 338	1793	−26
*520	58'0	05'	1466	604,1	+25,4	− 69	1535	−25
525	79°00'5	127°48'	1477	608,7	+32,0	− 30	1507	−21
530	02'9	31'	1475	617,5	+38,8	+ 13	1462	−18
535	05'4	14'	1458	613,2	+27,9	− 186	1644	−13
*540	07'8	126°57'	1454	594,8	+ 6,9	− 521	1975	− 9
545	10'7	† 36'	1451	590,5	+ 0,1	− 617	2068	− 9

† = Correction apportée au texte original qui portait 127°.
⊕ = Les corrections suivantes ont été apportées aux résultats des deux avant-dernières colonnes: 1012 m 2018 m (An. B. = −3) au lieu de 1312 m 2318 m (An.B. = +19)

Stations	Latitude S.	Longitude W. G.	Altitude m	g obs. 982...	An. Faye	h roche m	glace m	An. Boug. 0,9—2,67
550	79°13′6	126°15′	1447	589,4	— 3,9	— 675	2122	— 8
555	16′5	125°54′	1437	590,0	— 8,0	— 736	2173	— 8
*560	19′4	34′	1435	588,9	—11,3	— 785	2220	— 7
565	21′7	16′	1421	593,2	—12,6	— 807	2228	— 6
570	24′1	124°59′	1414	597,5	—11,7	— 797	2211	— 6
575	79°26′4	124°41′	1421	595,9	—12,4	— 811	2232	— 6
*580	28′7	24′	1423	597,2	—11,8	— 807	2230	— 6
585	31′3	03′	1409	598,5	—16,2	— 941	2350	+ 0
590	33′6	123°42′	1409	602,3	—13,6	— 978	2387	+ 6
595	36′1	21′	1426	602,0	—10,0	—1004	2430	+11
*600	79°38′5	123°00′	1422	607,1	— 7,5	—1043	2465	+16
605	40′7	122°41′	1436	602,8	— 8,6	—1016	2452	+13
610	42′9	23′	1455	599,1	— 7,6	— 959	2414	+ 9
615	45′0	04′	1456	599,9	— 7,6	— 917	2373	+ 5
*620	47′2	121°46′	1460	596,9	—10,5	— 915	2375	+ 2
625	79°49′7	121°26′	1474	586,8	—17,6	—1103	2577	+ 9
630	52′1	05′	1486	583,9	—18,1	—1161	2647	+12
633	54′0	120°50′	1499	593,5	— 5,5	—1041	2540	+15
640	57′0	25′	1512	595,9	— 0,6	—1025	2537	+18
*Byrd st.	59′2	01′	1510	600,9	— 1,9†	—1135	2645	+25

† = Valeur modifiée d'après la lettre de R. Bentley, fév. 1962.

B_a) SENTINEL MOUNTAINS Traverse 1957-1958 *[13, p. 898.]*

Station de référence: MCMURDO, Bldg 30 g = 982 992,8 mgal

Les n° des stations se réfèrent aux « nautical miles » à partir de Byrd Station, et la profondeur du socle sous-glaciaire comptée par rapport au niveau de la mer résulte des observations séismiques et gravimétriques.

* = sondages séismiques

Stations	Latitude S.	Longitude W. G.	Altitude m	g obs. 982...	An. Faye	h roche m	glace m	An. Boug. 0,9—2,67
* Byrd Survey	79°59·2′	120°01′	1510	600,9	− 1,9†	−1135	2645	+25
3	57·1′	119°50′	1521	590,4	− 3,4	−1079	2600	+19
6	54·9′	39′	1528	587,7	− 2,8	−1035	2563	+16
9	52·8′	28′	1536	583,6	− 3,3	−1006	2542	+13
12	50·6′	17′	1545	576,1	− 6,9	−1019	2564	+10
15	79°48·5′	119°06′	1548	572,9	− 8,1	− 999	2547	+ 8
18	46·3′	118°55′	1536	578,5	− 5,0	− 921	2457	+ 5
21	44·2′	44′	1579	568,9	− 0,2	− 821	2400	+ 1
*24	42·0′	33′	1579	559,3	− 8,7	− 901	2480	− 1
27	39·4′	23′	1598	556,0	− 4,7	− 853	2451	− 2
30	79°36·8′	118°14′	1601	555,7	− 2,7	− 833	2434	− 1
33	34·3′	04′	1618	554,0	+ 2,2	− 832	2450	+ 3
36	31·7′	117°54′	1620	551,0	+ 1,2	− 744	2364	− 5
39	29·1′	44′	1627	534,9	−11,3	− 967	2594	− 1
42	26·5′	35′	1633	521,4	−21,6	−1114	2737	− 1
45	79°23·9′	117°25′	1638	521,3	−18,7	−1081	2719	− 0
48	21·4′	15′	1646	524,4	−11,3	− 986	2632	− 0
51	18·8′	05′	1649	527,3	− 6,5	− 927	2576	+ 1
54	16·2′	116°56′	1662	525,4	− 3,0	− 887	2549	+ 0
57	13·6′	46′	1667	530,0	+ 4,6	− 790	2457	− 0
*60	79°11·0′	116°36′	1688	524,9	+ 7,4	− 758	2545	− 0
63	08·6′	26′	1698	521,8	+ 8,8	− 726	2424	− 1
66	06·2′	17′	1707	520,4	+11,5	− 675	2382	− 3
69	03·8′	07′	1718	522,2	+18,0	− 574	2292	− 4
72	00·4′	115°57′	1728	525,3	+26,1	− 451	2179	− 6
75	78°59·0′	115°48′	1740	528,8	+34,1	− 329	2069	− 7
78	56·6′	38′	1757	526,0	+37,9	− 264	2021	− 9
81	54·2′	28′	1769	511,3	+28,3	− 382	2151	−10
84	51·8′	18′	1780	495,6	+17,4	− 516	2296	−11
87	49·4′	09′	1781	494,0	+17,5	− 501	2282	−12

† = Valeur modifiée d'après la lettre de R. BENTLEY, fév. 1962.

Stations	Latitude S.	Longitude W. G.	Altitude m	g obs. 982...	An. Faye	h roche m	glace m	An. Boug. 0,9—2,67
*90	78°47·0′	114°59′	1787	500,4	+27,1	− 358	2145	−14
93	44·2′	56′	1786	500,4	+28,4	− 318	2104	−15
96	41·3′	53′	1781	480,9	+ 9,0	− 559	2340	−17
99	38·5′	51′	1779	476,9	+ 6,1	− 577	2356	−18
102	35·6′	48′	1766	503,3	+30,1	− 229	1995	−19
105	78°32·8′	114°45′	1743	(534,0)	+55,4	− 136	1607	(−0) ⊕
108	29·9′	42′	1709	523,0	+35,6	− 111	1820	−21
111	27·1′	39′	1712	486,2	+ 1,4	− 552	2264	−22
114	24·2′	37′	1713	514,9	+32,1	− 114	1827	−24
117	21·4′	34′	1684	514,4	+24,3	− 122	1806	−30
*120	78°18·5′	114°31′	1670	530,0	+37,3	− 0	1670	−26
123	16·1′	24′	1626	513,7	+ 8,9	− 412	2038	−22
126	13·6′	16′	1611	499,0	− 8,9	− 680	2291	−19
129	11·2′	09′	1611	503,3	− 3,2	− 631	2242	−17
132	08·7′	01′	1591	519,6	+ 8,5	− 500	2091	−14
135	78°06·3′	113°54′	1567	526,5	+ 9,4	− 514	2081	−11
138	03·8′	46′	1518	528,9	− 1,8	− 693	2211	− 8
141	01·4′	39′	1505	508,0	−25,2	−1038	2543	− 5
144	77°58·9′	31′	1512	498,8	−30,7	−1140	2652	− 3
147	56·5′	24′	1509	504,2	−24,7	−1086	2595	− 1
*150	77°54·0′	113°16′	1510	507,4	−19,7	−1045	2555	+ 1
153	51·4′	11′	1492	513,7	−17,3	−1035	2527	+ 3
156	48·8′	05′	1484	514,5	−17,4	−1060	2544	+ 5
159	46·2′	00′	1468	517,2	−18,0	−1091	2559	+ 7
162	43·6′	112°54′	1445	519,0	−21,7	−1164	2609	+10
165	77°41·0′	112°49′	1452	519,3	−17,6	−1132	2584	+12
168	38·4′	44′	1437	535,1	− 4,8	− 982	2419	+14
171	35·8′	38′	1450	536,7	+ 2,5	− 906	2356	+15
174	33·2′	33′	1414	565,7	+22,0	− 665	2079	+18
177	30·6′	27′	1389	568,2	+18,5	− 735	2124	+21
*180	77°28·0′	112°22′	1392	564,1	+17,0	− 778	2170	+22
183	25·2′	25′	1373	588,9	+37,7	− 491	1864	+22
186	22·3′	27′	1324	585,3	+20,8	− 750	2074	+26
189	19·5′	30′	1306	570,9	+ 2,7	−1008	2314	+28
192	16·6′	32′	1291	564,1	− 6,9	−1150	2441	+30
195	77°13·8′	112°35′	1281	553,2	−19,0	−1326	2607	+31
198	11·9′	37′	1278	552,9	−19,0	−1339	2617	+32
201	08·1′	40′	1286	553,1	−13,9	−1282	2568	+33
204	05·2′	42′	1247	568,6	− 8,5	−1221	2468	+35
207	02·4′	45′	1233	570,5	− 9,1	−1241	2474	+36

⊕ = Résultat douteux par comparaison avec les anomalies des points voisins.

Stations	Latitude S.	Longitude W. G.	Altitude m	g obs. 982...	An. Faye	h roche m	glace m	An. Boug. 0,9—2,67
*210	76°59·5′	112°47′	1249	562,6	− 10,1	−1266	2515	+37
213	56·6′	48′	1241	556,6	− 16,6	−1345	2586	+36
216	53·6′	50′	1246	542,0	− 27,7	−1486	2732	+35
219	50·7′	51′	1260	527,3	− 36,1	−1591	2851	+34
222	47·8′	53′	1271	522,0	− 36,1	−1582	2853	+33
225	76°44·9′	112°54′	1268	523,6	− 33,5	−1536	2804	+33
228	41·9′	55′	1269	526,0	− 28,7	−1462	2731	+32
231	39·0′	57′	1273	531,6	− 19,9	−1334	2607	+31
234	36·1′	58′	1268	539,0	− 12,1	−1219	2487	+30
237	33·1′	113°00′	1277	541,7	− 4,6	−1107	2384	+29
*240	76°30·2′	113°01′	1292	546,2	+ 6,5	− 948	2240	+28
243A	27·5′	112°59′	1306	560,5	+ 27,0	− 210	1516	− 7
244A	26·6′	58′	1310					
246A	24·8′	57′	1319	571,0	+ 43,4	+ 12	1307	− 7
*248A	23·0′	55′	1313	601,9	+ 73,7	+ 423	890	− 7
249A	76°22·1′	112°54′	1315	608,1	+ 81,1	+ 523	792	− 7
250.6A	21·2′	49′	1338	615,1	+ 95,8	+ 723	615	− 8
250.9A			1353					
251A	20·9′	48′	1365	618,7	+108,0	+ 888	477	− 9
252A	19·3′	46′	1380	615,9	+110,9	+ 927	453	−10
253A	76°19·3′	112°45′	1484	599,9	+127,0	+1146	338	−14
252B	20·4′	113°03′	1266	603,3	+ 62,4	− 270	1536	+35
243	31·6′	53′	1279	546,2	+ 1,5	−1021	2300	+29
246	33·0′	43′	1270	543,6	− 4,8	−1110	2380	+30
249	34·3′	33′	1258	548,4	− 4,6	−1113	2371	+30
252	76°35·7′	113°23′	1258	546,8	− 7,1	−1150	2408	+31
255	37·1′	13′	1256	545,4	− 10,1	−1196	2452	+31
258	38·5′	02′	1249	544,9	− 13,7	−1249	2498	+32
261	39·9′	112°52′	1255	545,7	− 12,0	−1231	2486	+32
264	41·2′	42′	1241	553,7	− 9,2	−1197	2438	+33
267	76°42·6′	112°32′	1225	558,9	− 9,9	−1211	2436	+34
268	43·3′	27′	1175	567,7	− 17,0	−1311	2486	+36
*270	44·0′	111°22′	1196	560,8	− 17,9	−1324	2520	+35
271	44·5′	18′	1204	559,3	− 17,3	−1304	2508	+34
282	45·0′	14′	1204	559,3	− 17,6	−1297	2501	+33
273	76°45·4′	111°09′	1203	559,3	− 18,2	−1293	2496	+32
286	46·8′	110°55′	1199	561,4	− 18,3	−1259	2458	+30
279	48·2′	42′	1202	560,9	− 18,8	−1231	2433	+27
282	49·6′	28′	1203	560,6	− 19,7	−1208	2411	+25
285	51·0′	15′	1199	558,2	− 24,3	−1236	2435	+22

Stations	Latitude S.	Longitude W. G.	Altitude m	g obs. 982...	An. Faye	h roche m	glace m	An. Boug. 0,9—2,67
288	76°52·4′	110°01′	1198	556,6	−27,1	−1238	2436	+20
291	53·8′	109°48′	1180	560,1	−30,1	−1243	2423	+18
294	55·2′	34′	1171	559,8	−34,1	−1263	2434	+15
297	56·6′	21′	1155	564,1	−35,7	−1249	2404	+13
*300	58·0′	07′	1164	561,7	−36,2	−1221	2385	+11
303	76°58·9′	108°54′	1162	560,6	−38,6	−1288	2450	+13
306	59·8′	42′	1163	558,2	−41,2	−1357	2520	+15
309	77°00·7′	29′	1157	560,4	−41,5	−1395	2552	+18
312	01·6′	17′	1163	563,3	−37,3	−1372	2535	+21
315	02·5′	04′	1160	568,9	−33,3	−1352	2512	+23
318	77°03·4′	107°51′	1162	570,2	−31,9	−1368	2530	+26
321	04·3′	39′	1143	580,6	−28,0	−1349	2492	+29
324	05·2′	26′	1163	582,2	−20,8	−1285	2448	+31
327	06·1′	14′	1161	588,7	−15,5	−1247	2408	+33
*330	07·0′	01′	1171	587,1	−14,6	−1269	2440	+35
333†	77°07·7′	106°48′	1192	562,2	−33,5	−1509	2701	+33
336	08·4′	35′	1194	555,3	−40,2	−1654	2848	+37
339	09·1′	22′	1195	556,1	−39,6	−1664	2859	+39
342	09·8′	09′	1190	561,7	−36,0	−1634	2824	+40
345	10·5′	105°56′	1199	564,4	−31,0	−1585	2784	+41
348	77°11·2′	105°42′	1224	561,4	−26,7	−1546	2770	+42
351	11·9′	29′	1251	552,4	−27,8	−1580	2831	+42
354	12·6′	16′	1242	549,9	−33,6	−1677	2919	+44
357	13·3′	03′	1245	547,3	−35,7	−1724	2969	+45
*360	14·0′	104°50′	1256	546,2	−33,9	−1719	2975	+46
363	77°14·7′	104°37′	1263	546,8	−31,6	−1699	2962	+47
366	15·5′	24′	1265	547,8	−30,5	−1695	2960	+47
369	16·2′	11′	1280	548,4	−25,7	−1640	2920	+48
372	16·9′	103°58′	1280	552,9	−21,6	−1595	2875	+48
375	17·7′	46′	1291	551,0	−20,7	−1594	2885	+49
378	77°18·4′	103°33′	1291	548,9	−23,2	−1639	2930	+50
381	19·1′	20′	1285	548,6	−25,8	−1685	2970	+51
384	19·8′	07′	1297	544,6	−26,6	−1706	3003	+51
387	20·6′	102°54′⊕	1313	538,8	−28,0	−1736	3049	+51
*390	21·3′	41′	1318	537,7	−28,0	−1747	3065	+52
393	77°21·9′	102°28′	1313	543,0	−24,6	−1693	3006	+51
396	22·6′	14′	1320	543,0	−22,9	−1662	2982	+50
399	23·2′	01′	1327	540,4	−23,7	−1665	2992	+50
402	23·8′	101°57′	1330	535,0	−28,6	−1723	3053	+49
405	24·5′	34′	1350	524,4	−33,5	−1782	3132	+48

⊕ = 102°54′ plus vraisemblable que 103°54′ indiqué sur le texte original.

† = Les résultats originaux des deux avant-dernières colonnes incompatibles avec les résultats des points voisins, ont été modifiés comme suit:

−1509 m 2701 m (An.B. = +33) au lieu de −1409 m 2601 m (An.B. = +26)

Stations	Latitude S.	Longitude W. G.	Altitude m	g obs. 982...	An. Faye	h roche m	glace m	An. Boug. 0,9—2,67
408	77°25·1′	101°20′	1349	520,4	−38,1	−1836	3185	+47
411	25·7′	07′	1364	502,4	−51,9	−2015	3379	+46
414	26·3′	100°53′	1371	506,0	−46,5	−1934	3305	+45
417	27·0′	40′	1382	499,8	−49,8	−1971	3353	+44
*420	27·6′	26′	1388	496,1	−52,0	−1992	3380	+43
423	77°28·0′	100°13′	1395	493,2	−53,0	−2002	3397	+43
426	28·4′	99°59′	1390	493,4	−54,6	−2020	3410	+43
426·5	28·5′	57′	1392					
429	28·8′	45′	1403	486,2	−58,1	−2064	3467	+42
432	29·2′	32′	1401	486,2	−58,9	−2071	3472	+42
435	77°29·6′	99°19′	1409	488,4	−54,5	−2007	3416	+41
438	30·0′	05′	1425	488,1	−50,1	−1944	3369	+40
441	30·4′	98°52′	1444	481,4	−51,2	−1955	3399	+39
444	30·8′	38′	1447	477,6	−54,4	−1995	3442	+39
447	31·2′	25′	1453	476,4	−54,0	−1986	3439	+38
*450	77°31·6′	98°11′	1456	477,8	−51,9	−1954	3410	+38
453	21·9′	97°58′	1473	476,9	−47,7	−1921	3394	+39
456	32·1′	44′	1489	474,9	−44,9	−1906	3395	+40
459	32·4′	31′	1492	475,7	−43,4	−1910	3402	+42
462	32·6′	17′	1503	479,0	−36,8	−1843	3346	+43
465	77°33·0′	97°04′	1509	478,8	−35,4	−1848	3357	+45
468	33·2′	96°50′	1522	474,0	−36,3	−1883	3405	+46
471	33·5′	37′	1526	466,8	−42,5	−1992	3518	+48
474	33·8′	23′	1527	464,0	−45,2	−2051	3578	+49
477	34·0′	10′	1525	465,4	−44,5	−2066	3591	+51
*480	77°34·3′	95°56′	1519	468,1	−43,9	−2081	3600	+53
483	34·5′	43′	1517	472,4	−40,3	−2030	3547	+53
486	34·7′	30′	1523	475,0	−36,0	−1970	3490	+53
489	34·9′	16′	1527	477,2	−32,7	−1923	3450	+52
492	35·1′	03′	1527	485,2	−24,8	−1814	3341	+52
495	77°35·3′	94°50′	1535	498,9	− 8,8	−1595	3130	+52
498	35·4′	37′	1534	506,2	− 1,8	−1498	3032	+51
501	35·6′	24′	1535	514,0	+ 6,2	−1388	2923	+51
504	35·8′	10′	1527	521,3	+10,9	−1322	2849	+51
507	36·0′	93°57′	1510	529,4	+13,6	−1283	2793	+52
*510	77°36·2′	93°44′	1501	532,1	+13,4	−1284	2785	+52
513	36·7′	30′	1508	532,6	+15,7	−1225	2733	+50
516	37·2′	17′	1503	536,2	+17,5	−1172	2675	+48
519	37·7′	03′	1512	535,6	+19,3	−1119	2631	+45
522	38·2′	92°50′	1508	537,7	+19,9	−1083	2591	+43

Stations	Latitude S.	Longitude W. G.	Altitude m	g obs. 982...	An. Faye	h roche m	glace m	An. Boug. 0,9—2,67
525	77°38·8′	92°36′	1499	537,8	+ 16,8	−1097	2596	+42
528	39·3′	22′	1512	534,1	+ 16,8	−1069	2581	+39
531	39·8′	09′	1494	542,0	+ 18,8	−1014	2508	+38
534	40·3′	91°55′	1489	545,7	+ 20,7	− 959	2448	+36
537	40·8′	42′	1491	551,3	+ 26,6	− 851	2342	+34
*540	77°41·3′	91°28′	1484	547,3	+ 20,1	− 911	2395	+32
543	41·6′	14′	1517	543,8	+ 26,6	− 747	2264	+25
546	41·8′	90°00′	1525	542,0	+ 27,1	− 663	2188	+19
549	42·1′	46′	1510	546,0	+ 26,3	− 598	2108	+14
552	42·4′	32′	1527	517,6	+ 3,0	− 838	2365	+ 8
555	77°42·7′	90°18′	1542	517,0	+ 6,8	− 709	2251	+ 1
558	42·9′	04′	1541	520,6	+ 10,0	− 590	2131	− 4
561	43·2′	89°50′	1531	522,5	+ 8,6	− 533	2064	−10
564	43·5′	36′	1538	516,9	+ 5,0	− 506	2044	−15
567	43·7′	22′	1545	525,7	+ 15,8	− 282	1827	−22
*570	77°44·0′	89°08′	1537	563,2	+ 50,7	+ 267	1270	−27
573	43·6′	88°55′	1540	554,5	+ 43,1	+ 177	1363	−28
576	43·2′	41′	1556	494,2	− 12,0	− 558	2114	−29
579	42·7′	28′	1552	501,3	− 5,8	− 461	2013	−30
582	42·3′	14′	1553	555,7	+ 49,2	+ 291⊕	1262	−31
584C	77°42·0′	88°05′	1588	585,7	+ 90,2	+ 867	721	−34
586C	41·8′	87°56′	1611	586,3	+ 98,0	+ 984	627	−36
588C	43·0′	49′	1639	582,0	+101,6	+1056	583	−38
591C	44·9′	39′	1687	572,4	+105,6	+1113	574	−40
*593C	46·3′	31′	1737	562,2	+109,9	+1197	540	−44
585	77°44·8′	88°24′	1571	502,8	+ 0,3	− 374	1945	−31
588	47·2′	34,	1588	476,6	− 22,2	− 635	2223	−35
591	49·7′	44′	1596	529,4	+ 31,5	+ 134	1462	−38
594	52·1′	55′	1632	541,7	+ 53,4	+ 473	1159	−43
597	54·6′	89°05′	1648	544,1	+ 59,2	+ 540	1108	−43
*600	77°57·0′	89°15′	1668	513,7	+ 33,5	+ 288	1380	−51
603	59·8′	15′	1680	503,6	+ 25,4	+ 114	1566	−46
606	78°02·6′	15′	1714	515,3	+ 45,9	+ 329	1385	−43
609	05·4′	16′	1741	509,0	+ 46,2	+ 269	1472	−39
612	08·2′	16′	1771	523,7	+ 68,4	+ 506	1265	−36
615	78°11·0′	89°16′	1806	527,3	+ 81,1	+ 614	1192	−32
618	13·8′	16′	1823	520,0	+ 77,4	+ 501	1322	−28
621	16·6′	16′	1860	497,7	+ 64,8	+ 266	1594	−25
624	19·4′	17′	1835	462,0	+ 19,7	− 409	2244	−19
627	22·2′	17′	1855	426,2	− 11,6	− 897	2752	−15

⊕ = Le signe − du texte original a été remplacé par le signe + pour tenir compte de la continuité des anomalies de Bouguer.
Dans les deux dernières colonnes, les valeurs −291, 1844 m (An. Bouguer = +12,3) ont donc été remplacées par +291, 1262 m.

Stations	Latitude S.	Longitude W. G.	Altitude m	g obs. 982...	An. Faye	h roche m	glace m	An. Boug. 0 9— 2,67
*630	78°25·0′	89°17′	1870	398,5	−36,3	−1295	3165	−11
633	27·8′	22′	1862	424,4	−14,5	− 953	2815	−14
636	30·5′	28′	1903	476,4	+48,5	− 53	1956	−19
639	33·3′	33′	1912	493,7	+66,9	+ 242	1670	−23
642	36·0′	39′	1943	485,3	+66,5	+ 283	1660	−28
645	78°38·8′	89°44′	1954	486,0	+69,0	+ 363	1591	−31
648	41·6′	49′	1949	495,8	+75,6	+ 497	1452	−35
651	44·3′	55′	1938	484,9	+59,8	+ 329	1609	−38
654	47·1′	90°00′	1938	475,3	+48,5	+ 222	1716	−41
657	49·8′	06′	1953	448,6	+24,9	− 52	2005	−45
*660	78°52·6′	90°11′	1968	497,2	+66,5	+ 558	1410	−49
663	55·3′	17′	1961	500,8	+76,4	+ 712	1249	−50
666	57·9′	24′	1943	456,5	+25,1	+ 38	1905	−51
669	79°00·6′	30′	1946	445,7	+13,7	− 97	2043	−52
672	03·2′	36′	1974	484,2	+59,4	+ 544	1430	−55
675	79°05·9′	90°43′	1983	482,0	+58,4	+ 550	1433	−57
678	08·6′	49′	2001	474,9	+55,4	+ 529	1472	−59
681	11·2′	55′	1997	456,1	+33,9	+ 259	1738	−60
684	13·9′	91°01′	1997	408,9	−14,8	− 391	2388	−61
687	16·5′	08′	2002	402,0	−21,6	− 451	2453	−64
*690	79°19·2′	91°14′	2017	460,1	+39,6	+ 397	1620	−66
693	22·2′	14′	2038	464,9	+49,3	+ 515	1523	−66
696	25·1′	13′	2059	463,0	+52,3	+ 540	1519	−65
699	28·1′	13′	2068	455,3	+45,7	+ 437	1631	−65
702	31·0′	12′	2075	448,6	+39,6	+ 339	1736	−64
705	79°34·0′	91°12′	2099	466,0	+62,8	+ 640	1459	−64
*708	36·9′	11′	2120	495,7	+97,4	+1095	1025	−64
711	38·5′	25′	2138	459,4	+65,8	+ 656	1482	−63
714	40·1′	38′	2142	445,2	+52,0	+ 458	1684	−63
717	41·6′	52′	2151	467,6	+76,4	+ 778	1373	−62
720	79°43·2′	92°05′	2157	449,4	+59,2	+ 534	1623	−62
723	44·8′	19′	2146	453,3	+58,8	+ 517	1629	−60
726	46·4′	33′	2137	456,6	+58,5	+ 504	1633	−59
729	48·0′	46′	2138	415,6	+17,0	− 70	2208	−58
732	49·5′	93°00′	2125	399,4	− 4,0	− 366	2491	−57
735	79°51·1′	93°13′	2133	428,6	+26,8	+ 42	2091	−57
*738	52·7′	27′	2142	439,3	+39,4	+ 202	1940	−56
741	55·1′	38′	2161	459,3	+64,0	+ 547	1614	−58
744	57·5′	49′	2157	453,4	+55,7	+ 445	1712	−59
747	59·9′	94°01′	2171	451,0	+56,3	+ 464	1707	−60

Stations	Latitude S.	Longitude W. G.	Altitude m	g obs. 982...	An. Faye	h roche m	glace m	An. Boug. 0,9—2,67
750	80°02·3′	94°12′	2163	409,6	+ 11,2	− 136	2299	−60
753	04·7′	23′	2172	487,6	+ 90,8	+ 954	1218	−62
756	07·0′	34′	2184	420,4	+ 26,1	+ 87	2097	−63
759	09·4′	45′	2192	429,3	+ 36,2	+ 235	1957	−64
762	11·8′	51′	2211	455,4	+ 67,0	+ 663	1548	−65
765	80°14·2′	95°08′	2206	420,0	+ 28,8	+ 156	2050	−66
*768	16·6′	19′	2196	416,8	+ 21,3	+ 66	2130	−66
771	17·5′	36′	2198	367,6	− 27,7	− 632	2830	−64
774	18·4′	53′	2196	373,8	− 22,6	− 598	2794	−61
777	19·3′	96°10′	2204	399,7	+ 5,3	− 254	2458	−59
780	80°20·2′	96°27′	2207	424,5	+ 30,6	+ 55	2152	−57
783	21·1′	45′	2239	424,8	+ 40,4	+ 153	2086	−55
786	21·9′	97°02′	2238	454,2	+ 69,0	+ 507	1731	−53
789	22·8′	19′	2272	479,3	+104,2	+ 950	1322	−52
792	23·7′	36′	2267	476,6	+ 99,5	+ 852	1415	−49
795	80°24·6′	97°53′	2250	529,4	+146,6	+1456	749	−46
*798	25·5′	98°10′	2236	463,3	+ 75,7	+ 461	1775	−43
801	25·9′	27′	2230	432,1	+ 42,5	− 2	2232	−41
804	26·3′	45′	2221	416,2	+ 23,6	− 271	2492	−40
807	26·6′	99°02′	2221	438,2	+ 45,5	+ 11	2210	−39
810	80°27·0′	99°20′	2199	440,1	+ 40,4	− 71	2270	−37
813	27·4′	37′	2190	432,9	+ 30,2	− 222	2412	−36
816	27·8′	54′	2191	431,8	+ 29,2	− 249	2440	−35
819	28·2′	100°12′	2166	436,7	+ 26,2	− 302	2468	−33
822	28·5′	29′	2171	426,0	+ 16,9	− 442	2613	−32
825	80°28·9′	100°47′	2160	425,3	+ 12,6	− 514	2674	−31
*828	29·3′	101°04′	2158	424,2	+ 10,7	− 552	2710	−30
831	29·3′	22′	2148	421,6	+ 5,0	− 636	2784	−29
834	29·3′	40′	2142	415,7	− 2,7	− 748	2890	−28
837	29·4′	58′	2132	424,8	+ 3,2	− 675	2807	−27
840	80°29·4′	102°16′	2121	432,9	+ 7,9	− 618	2739	−26
843	29·4′	35′	2106	438,4	+ 8,8	− 613	2719	−25
846	29·4′	53′	2091	440,8	+ 6,6	− 649	2740	−24
849	29·4′	103°11′	2066	435,2	− 6,8	− 837	2903	−23
852	29·5′	29′	2078	430,0	− 8,3	− 865	2943	−22
855	80°29·5′	103°47′	2060	446,6	+ 2,7	− 722	2782	−21
*858	29·5′	104°05′	2043	460,5	+ 11,4	− 612	2655	−20
861	29·3′	23′	2027	468,5	+ 14,6	− 610	2637	−17
864	29·0′	40′	2012	472,6	+ 14,2	− 655	2667	−13
867	28·8′	58′	2008	474,2	+ 14,6	− 691	2699	−10

Stations	Latitude S.	Longitude W. G.	Altitude m	g obs. 982...	An. Faye	h roche m	glace m	An. Boug. 0,9—2,67
870	80°28·6′	105°15′	1990	483,3	+18,3	− 680	2670	− 6
873	28·4′	33′	1981	479,4	+11,7	− 811	2792	− 3
876	28·1′	51′	1959	483,2	+ 8,9	− 890	2849	+ 1
879	27·9′	106°08′	1931	489,0	+ 6,1	− 968	2899	+ 5
882	27·7′	26′	1916	483,2	− 4,2	−1149	3065	+ 9
885	80°27·4′	106°43′	1913	481,3	− 6,6	−1221	3135	+12
*888	27·2′	107°01′	1899	482,2	−10,2	−1311	3210	+15
891	26·8′	18′	1888	480,5	−15,1	−1426	3314	+19
894	26·4′	35′	1859	475,7	−28,7	−1661	3520	+24
897	26·0′	52′	1855	460,9	−44,5	−1925	3780	+28
900	80°25·6′	108°09′	1852	456,5	−49,6	−2044	3896	+32
903	25·2′	26′	1838	460,8	−49,4	−2092	3930	+36
906	24·8′	43′	1830	459,7	−52,8	−2187	4017	+40
909	24·4′	109°00′	1822	461,8	−53,0	−2239	4061	+44
912	24·0′	17′	1811	465,3	−52,7	−2285	4096	+48
915	80°23·6′	109°34′	1784	466,5	−59,6	−2428	4212	+53
*918	23·2′	51′	1780	461,8	−65,3	−2555	4335	+57
921	22·8′	110°08′	1766	465,2	−66,1	−2555	4321	+57
924	22·4′	25′	1761	468,5	−64,1	−2517	4278	+56
927	22·0′	42′	1747	474,5	−62,2	−2480	4227	+56
930	80°21·6′	110°59′	1728	480,6	−61,8	−2464	4192	+56
933	21·2′	111°16′	1718	482,9	−62,4	−2461	4179	+55
936	20·8′	33′	1719	484,8	−60,0	−2418	4137	+54
939	20·4′	50′	1706	494,6	−54,0	−2326	4032	+54
941	20·0′	112°07′	1669	503,6	−56,2	−2352	4021	+55
942	80°19·7′	112°18′	1676	500,6	−56,9	−2354	4030	+54
945	19·5′	30′	1683	496,0	−59,2	−2374	4057	+53
*948	19·2′	41′	1686	496,4	−57,8	−2344	4030	+52
951	18·4′	58′	1672	502,1	−56,0	−2256	3928	+48
954	17·7′	113°15′	1667	505,4	−53,9	−2162	3829	+43
957	80°16·9′	113°32′	1662	512,4	−48,0	−2018	3680	+39
960	16·1′	49′	1654	521,8	−40,7	−1854	3508	+34
963	15·4′	114°06′	1633	533,6	−35,0	−1713	3346	+30
966	14·6′	23′	1639	537,3	−29,0	−1567	3206	+25
*969	13·8′	40′	1631	549,6	−18,8	−1364	2995	+21
972	80°13·0′	114°57′	1624	560,2	−10,0	−1243	2867	+21
975	12·3′	115°14′	1627	569,0	+ 0,1	−1104	2731	+21
978	11·5′	31′	1622	580,0	+10,0	− 967	2589	+20
981	10·7′	48′	1623	597,1	+27,8	− 723	2346	+20
984	10·0′	116°05′	1568	641,3	+55,4	− 347	1915	+22

Stations	Latitude S.	Longitude W. G.	Altitude m	g obs. 982...	An. Faye	h roche m	glace m	An. Boug. 0,9—2,67
987	80°09·2′	116°22′	1546	642,1	+49,8	− 421	1967	+23
990	08·4′	39′	1548	623,6	+32,3	− 656	2204	+23
993	07·7′	56′	1546	609,5	+18,0	− 848	2394	+23
996	06·9′	117°13′	1553	608,7	+19,7	− 823	2376	+22
999	06·1′	30′	1533	620,7	+26,0	− 735	2268	+23
1002	80°05·3′	117°47′	1544	617,1	+26,2	− 730	2274	+22
1005	04·6′	118°04′	1524	611,5	+14,8	− 882	2406	+23
1008	03·8′	21′	1518	609,1	+10,9	− 933	2451	+23
1011	03·3′	38′	1512	606,0	+ 6,2	− 995	2507	+23
1014	02·3′	55′	1507	604,7	+ 3,9	−1024	2531	+23
1017	80°01·5′	119°12′	1511	607,2	+ 8,0	− 967	2478	+23
1020	00·7′	29′	1507	613,3	+13,3	− 892	2399	+23
1023	00·0′	46′	1509	620,5	+21,5	− 779	2288	+22
* Byrd Survey	79°59·2′	120°01′	1510	600,9	− 1,9†	−1135	2645	+25

† = Valeur modifiée d'après la lettre de R. Bentley, fév. 1962.

B_b) HORLICK MOUNTAINS Traverse 1958—1959 *[13, p. 905]*

Station de référence: McMURDO, Bldg 30 g = 982 992,8 mgal
Les n° des stations se réfèrent aux « nautical miles » à partir de Byrd Station; la profondeur du socle sous-glaciaire, comptée par rapport au niveau de la mer, résulte des observations séismiques et gravimétriques.

* = sondages séismiques.

Stations	Latitude S.	Longitude W. G.	Altitude m	g obs. 982...	An. Faye	h roche m	glace m	An. Boug. 0,9—2,67
*48	80°42·3′	120°19′	1387	690,9	+33,1	− 273	1660	+ 1
51	45·1′	22′	1354	688,5	+19,2	− 456	1810	+ 2
54	47·9′	25′	1343	671,4	− 2,6	− 747	2090	+ 2
57	40·7′	27′	1361	661,5	− 8,3	− 823	2184	+ 1
60	53·5′	30′	1340	667,1	−10,5	− 845	2185	+ 2
63	80°56·3′	120°33′	1320	671,7	−13,4	− 890	2210	+ 3
66	59·0′	36′	1308	670,9	−19,2	− 963	2271	+ 3
69	81°01·8′	39′	1305	661,7	−30,6	−1113	2418	+ 3
72	04·6′	42′	1283	665,0	−35,4	−1174	2457	+ 3
75	07·4′	44′	1277	675,0	−28,5	−1075	2352	+ 3
78	81°10·2′	120°47′	1254	696,5	−15,4	− 883	2137	+ 3
81	13·0′	50′	1196	706,5	−24,6	−1002	2198	+ 5
*84	15·8′	53′	1195	710,5	−22,2	− 965	2160	+ 4
84-1.6	15·6′	58′	1190	718,9	−15,2	− 870	2060	+ 4
84-I.35	15·6′	57′	1185	718,9	−16,8	− 892	2077	+ 5
84-0.85	81°15·7′	120°56′	1183	716,9	−19,4	− 927	2110	+ 5
87	18·3′	121°00′	1203	704,3	−27,1	−1066	2269	+ 7
90	20·8′	06′	1204	713,8	−18,4	− 983	2187	+ 9
93	23·3′	12′	1183	723,7	−16,1	− 987	2170	+12
96	25·8′	19′	1170	732,5	−12,4	− 972	2142	+16
99	81°28·2′	121′26′	1149	751,9	− 0,5	− 846	1995	+19
102	30·7′	32′	1078	770,1	− 5,4	− 947	2025	+24
105	33·2′	38′	1062	750,9	−30,6	−1324	2386	+27
108	35·7′	45′	1048	749,0	−37,9	−1458	2506	+31
111	38·2′	52′	1033	753,8	−38,8	−1505	2538	+34
*114	81°40·7′	121°58′	982	768,5	−41,0	−1568	2550	+38
114-I.0	40·6′	122°01′	990	770,9	−36,0	−1500	2490	+38
117	43.5′	02′	944	766,5	—55,9	−1765	2709	+39
120	46·2′	07′	947	770,0	−52,6	−1715	2662	+39
123	49·0′	11′	924	794,6	−36,3	−1489	2413	+39
126	81°51·8′	122°16′	901					
129	54·6′	20′	879	830,0	−16,6	−1212	2091	+40
132	57·4′	25′	860	844,0	−10,2	−1120	1980	+40
135	82°00·1′	29′	842	856,6	− 4,3	−1035	1877	+41
138	02·9′	33′	824	868,5	+ 0,9	− 960	1784	+40

Stations	Latitude S.	Longitude W. G.	Altitude m	g obs. 982...	An. Faye	h roche m	glace m	An. Boug. 0,9—2,67
141	82°05·7′	122°38′	804	876,0	+ 1,1	− 952	1756	+41
144	08·4′	42′	797	884,5	+ 6,3	− 877	1674	+41
147	11·2′	47′	811	885,7	+10,7	− 812	1623	+40
*150	14·0′	51′	819	874,1	+ 0,4	− 946	1765	+40
153	16·9′	54′	816	861,8	−14,0	−1103	1919	+37
156	82°19·8′	122°56′	816	855,2	−21,8	−1171	1987	+34
159	22·6′	59′	614	853,2	−25,5	−1183	1997	+32
162	25·5′	123°02′	809	856,0	−25,4	−1144	1953	+29
165	28·4′	04′	796	868,4	−18,1	−1007	1803	+26
168	31·2′	07′	772	853,2	−41,8	−1290	2062	+25
171	82°34·1′	123°10′	774	852,8	−42,8	−1266	2040	+22
174	37·0′	12′	773	849,6	−47,4	−1290	2063	+19
177	39·9′	15′	752	849,6	−55,0	−1355	2107	+17
181	43·7′	18′	751	856,0	−50,3	−1253	2004	+14
183	45·6′	20′	757	860,2	−45,0	−1144	1901	+11
*186	82°48·5′	123°23′	768	860,5	−42,4	−1072	1840	+ 8
189	51·4′	26′	774	865,4	−36,7	−1013	1787	+ 9
192	54·2′	30′	783	860,5	−39,9	−1074	1857	+10
195	57·1′	34′	779	865,3	−37,4	−1057	1836	+12
198	83°00·0′	37′	782	855,4	−47,4	−1211	1993	+13
201	83°02·9′	123°40′	779	860,2	−44,6	−1191	1970	+14
204	05·8′	44′	785	872,1	−31,9	−1037	1822	+15
207	08·6′	48′	800	885,8	−14,6	− 820	1620	+16
210	11·5′	51′	804	889,4	−10,8	− 787	1591	+17
213	14·4′	54′	815	879,3	−18,5	− 908	1723	+18
216	83°17·2′	123°58′	809	864,6	−36,1	−1165	1974	+20
219	20·1′	124°02′	807	884,4	−17,9	− 936	1743	+21
222	23·0′	05′	764	903,3	−13,3	− 891	1655	+24
222-0.54	23·5′	06′	755	903,3	−16,2	− 934	1689	+25
222-1.08	24·0′	07′	749	901,6	−19,9	− 987	1736	+25
222-1.62	83°24·5′	124°08′	735	899,4	−26,6	−1082	1817	+26
222-2.16	25·1′	09′	738	892,8	−32,5	−1165	1903	+26
222-2.7	25·6′	10′	750	883,2	−38,6	−1253	2003	+26
225	25·9′	10′	759	877,6	−41,5	−1292	2051	+26
225-3.24	26·1′	10′	765	874,4	−42,9	−1312	2077	+26
225-4.05	83°86·9′	124°12′	775	867,8	−46,7	−1368	2143	+26
225-4.86	27·6′	13′	776	866,9	−47,6	−1386	2162	+26
228	28·7′	14′	777	867,8	−46,7	−1380	2157	+26
228-7.86	29·9′	17′	781	871,4	−42,3	−1330	2111	+27
231	31·6′	19′	792	875,7	−35,2	−1241	2033	+27

Stations	Latitude S.	Longitude W. G.	Altitude m	g obs. 982...	An. Faye	h roche m	glace m	An. Boug. 0,9—2,67
234	83°34·4′	124°24′	818	894,4	− 9,4	− 910	1728	+27
237	37·3′	29′	827	894,9	− 7,1	− 896	1723	+28
240	40·1′	34′	846	892,5	− 4,6	− 880	1726	+29
243	43·0′	38′	855	893,0	− 2,2	− 866	1721	+30
246	45·9′	43′	888	883,4	− 2,6	− 889	1777	+30
249	83°48·7′	124°48′	904	891,7	+ 9,7	− 740	1644	+31
252	51·6′	52′	915	892,2	+12,7	− 717	1632	+31
255	54·4′	57′	917	902,5	+22,7	− 599	1516	+33
*258	57·3′	125°02′	925	902,9	+24,7	− 590	1515	+35
261	84°00·2′	08′	920	906,2	+25,5	− 434	1354	+23
264	84°03·1′	125°14′	903	899,4	+12,5	− 659	1562	+27
267	06·0′	20′	899	897,3	+ 8,3	− 668	1567	+24
270	08·9′	26′	904	878,8	− 9,5	− 862	1766	+20
273	11·8′	32′	912	844,2	−42,6	−1263	2175	+17
276	14·7′	38′	904	832,2	−57,9	−1422	2326	+13
279	84°17·5′	125°45′	928	819,2	−64,3	−1461	2389	+ 9
282	20·4′	51′	910	827,3	−62,7	−1391	2301	+ 6
285	23·3′	57′	910	836,8	−54,0	−1225	2135	+ 2
288	26·2′	126°03′	914	857,4	−33,0	− 892	1806	− 1
291	29·1′	09′	923	880,2	− 8,3	− 509	1432	− 5
*294	84°32·0′	126°15′	946	883,2	+ 1,0	− 334	1280	−10
297	34·9′	19′						
300	37·9′	23′	977	873,8	− 0,5	− 335	1312	−12
303	40·8′	27′	984	867,7	− 5,3	− 390	1374	−13
306	43·7′	31′	978	850,9	−24,8	− 645	1623	−14
307	84°44·7′	126°32′	974	841,0	−36,2	− 796	1770	−14
308	45·7′	33′	987	824,4	−49,0	− 967	1954	−15
309	46·7′	34′	991	811,3	−61,2	−1129	2120	−15
312	49·6′	38′	1040	784,8	−73,3	−1284	2324	−17
315	52·5′	42′	1037	797,8	−62,0	−1121	2158	−18
318	84°55·5′	126°46′	1055	797,0	−58,1	−1058	2113	−19
*321	58·4′	50′	1092	798,1	−46,3	− 888	1980	−22
324A	85°01·3′	54′	1098	828,8	−14,6	− 458	1556	−22
324	84°59·7′	18′	1118	773,3	−63,5	−1118	2236	−23
327	85°01·0′	125°46′	1159	745,8	−78,7	−1322	2481	−24
330	85°04·0′	125°48′	1153	766,3	−60,8	−1077	2230	−24
3314B	05·4′	49′	1196	773,6	−40,6	− 811	2007	−26
333	03·8′	15′	1198	721,8	−91,3	−1487	2685	−26
336C	06·7′	41′	1210	726,3	−83,9	−1398	2608	−26
336C1	07.3′	45′	1223	724,5	−81,8	−1369	2592	−27

Stations	Latitude S.	Longitude W. G.	Altitude m	g obs. 982...	An. Faye	h roche m	glace m	An. Boug. 0,9—2,67
336C2	85°07·9′	125°51′	1236	721,7	−80,8	−1356	2592	−27
3383C	08·7′	01′	1258	717,0	−78,9	−1330	2588	−28
336	02·0′	124°51′	1199	738,3	−74,1	−1252	2451	−27
339	00·2′	26′	1151	766,6	−60,1	−1059	2210	−25
342	84°58·5′	123°02′	1160	781,0	−42,5	− 817	1977	−26
345	84°56·7′	123°38′	1149	800,0	−26,4	− 706	1855	−17
348	54·9′	13′	1172	796,6	−22,2	− 537	1709	−26
351	53·2′	122°49′	1188	833,3	+19,9	+ 37	1151	−27
354	51·4′	24′	1216	759,0	−45,3	− 845	2061	−28
*357	49·6′	00′	1231	754,9	−44,3	− 829	2060	−29
360	84°48·3′	121°32′	1254	751,9	−39,8	− 731	1985	−33
363	47·0′	04′	1278	744,5	−39,5	− 690	1968	−36
366	45·7′	120°36′	1298	771,8	− 5,7	− 195	1493	−40
369	44·4′	08′	1304	751,3	−23,9	− 403	1707	−43
372	43·0′	119°40′	1270	762,1	−23,2	− 357	1627	−45
375	84°41·7′	119°12′	1281	752,6	−29,0	− 399	1680	−48
378	40·4′	118°44′	1274	749,9	−33,5	− 422	1696	−50
*381	39·1′	16′	1268	779,6	− 5,3	− 2	1270	−53
384	38·2′	117°48′	1284	758,5	−21,2	− 237	1521	−52
387	37·2′	20′	1309	773,8	+ 2,1	+ 59	1250	−52
388.2	84°36·9′	118°09′	1329	752,2	−13,2	− 156	1485	−52
390	36·3′	117°52′	1333	741,3	−22,7	− 296	1629	−51
393	35·4′	24′	1372	728,7	−23,0	− 320	1692	−51
396	34·5′	116°56′	1420	737,5	+ 0,8	− 16	1436	−52
399	33·5′	28′	1441	746,6	+16,7	+ 179	1262	−51
400	84°33·2′	116°19′	1472	736,2	+15,9	+ 162	1310	−52
402	32·6′	115°00′	1481	725,8	+ 8,5	+ 49	1432	−51
405	33·9′	114°33′	1545	691,7	− 6,2	− 170	1715	−52
408	35·2′	06′	1570	688,7	− 1,9	− 131	1701	−51
411	38·2′	04′	1611	674,6	− 4,2	− 182	1793	−51
414	84°41·2′	114°02′	1618	679,7	+ 2,2	− 114	1732	−50
414·33	40·9′	01′	1599	679,5	− 3,7	− 196	1795	−49
414·93	40·3′	01′	1588	679,4	− 7,1	− 246	1834	−49
415·47	39·8′	01′	1587	673,5	−13,1	− 331	1918	−48
416·02	39·2′	00′	1593	672,2	−12,4	− 324	1917	−48
416·56	84°38·7′	113°59′	1603	672,5	− 8,9	− 281	1884	−48
417·11	38·1′	59′	1602	673,8	− 7,7	− 269	1871	−48
417·82	37·5′	58′	1601	675,5	− 6,2	− 254	1855	−48
418·63	36·7′	57′	1571	687,9	− 2,8	− 211	1782	−46
419·45	35·9′	57′	1561	688,6	− 5,0	− 246	1807	−46

Stations	Latitude S.	Longitude W. G.	Altitude m	g obs. 982...	An. Faye	h roche m	glace m	An. Boug. 0,9—2,67
420	84°35·3′	113°56′	1563	685,1	− 7,7	− 288	1843	−45
423	32·0′	53′	1563	679,7	−12,1	− 367	1930	−44
426	29·4′	50′	1547	661,4	−34,6	− 691	2238	−42
429	28·3′	22′	1551	642,6	−51,9	− 946	2497	−40
435	26·2′	112°26′	1644	639,9	−25,3	− 624	2268	−41
438	84°25·1′	111°59′	1652	605,8	−56,6	−1068	2720	−40
441	24·1′	31′	1677	596,2	−58,2	−1109	2786	−39
*444	23·0′	03′	1702	592,2	−54,1	−1018	2720	−43
447	22·9′	110°33′	1729	587,7	−50,3	− 953	2682	−45
450	22·9′	03′	1767	571,1	−55,1	−1006	2773	−47
453	84°22·9′	109°33′	1778	579,4	−43,4	− 834	2612	−49
456	22·8′	04′	1821	581,0	−28,5	− 619	2440	−51
469	22·8′	108°34′	1858	574,9	−23,2	− 533	2391	−54
462	22·7′	04′	1885	570,3	−19,5	− 470	2355	−56
465	22·7′	107°34′	1910	565,1	−16,9	− 422	2332	−57
468	84°22·7′	107°04′	1946	561,7	− 9,2	− 304	2250	−60
471	22·6′	106°34′	1962	559,5	− 6,5	− 255	2217	−62
474	22·6′	05′	2004	537,9	−15,1	− 358	2362	−64
477	22·5′	105°35′	2033	534,2	− 9,8	− 273	2306	−66
*480	22·5′	05′	2056	542,3	+ 5,4	− 54	2110	−68
483	84°23·0′	104°36′	2084	537,4	+ 9,0	− 61	2145	−65
486	23·6′	06′	2102	551,1	+28,0	+ 139	1963	−61
489	24·1′	103°37′	2142	550,7	+39,8	+ 243	1899	−59
492	24·7′	08′	2153	528,2	+20,6	− 74	2227	−55
495	25·2′	102°39′	2161	515,5	+10,2	− 271	2432	−51
498	84°25·7′	102°10′	2169	495,5	− 7,5	− 567	2736	−47
501	26·3′	101°40′	2199	442,8	−51,1	−1215	3414	−44
*504	26·8′	11′	2188	426,4	−71,1	−1542	3730	−39
507	28·2′	100°44′	2202	435,8	−57,7	−1342	3544	−41
510	29·5′	16′	2213	461,1	−29,4	− 941	3154	−43
513	84°30·8′	99°49′	2227	490,3	+ 3,7	− 474	2701	−45
516	32·2′	22′	2233	510,9	+25,8	− 156	2389	−47
519	33·6′	98°54′	2245	535,5	+53,7	+ 241	2004	−49
522	34·9	27′	2250	520,2	+39,5	+ 67	2183	−50
525	36·2′	00′	2262	544,2	+66,9	+ 456	1806	−52
528	84°37·6′	97°33′	2305	594,1	+129,7	+1312	993	−54
531	39·0′	05′	2281	610,1	+137,9	+1455	826	−56
534	40·3′	96°38′	2256	631,7	+151,4	+1656	600	−56
537	38·5′	12′	2084	621,8	+ 88,9	+ 827	1257	−51
540	36·7′	95°50′	2048	596,2	+ 52,7	+ 354	1694	−51

Stations	Latitude S.	Longitude W. G.	Altitude m	g obs. 982...	An. Faye	h roche m	glace m	An. Boug. 0,9—2,67
543	84°34·9′	95°28′	2039	570,3	+24,5	− 11	2050	−52
546	33·1′	06′	2041	548,5	+ 3,9	− 272	2313	−53
549	31·4′	94°44′	2055	536,9	− 2,9	− 345	2400	−55
552	29·6′	22′	2040	561,0	+17,1	− 56	2096	−56
555	27·8′	00′	2031	584,5	+38,3	+ 249	1782	−57
558	84·26°0′	93°38′	2013	614,6	+63,4	+ 608	1405	−57
561	24·2′	16′	1976	633,0	+70,9	+ 728	1248	−57
564	22·5′	92°54′	1944	635,4	+63,9	+ 651	1293	−58
567	20·7′	32′	1919	623,5	+44,8	+ 410	1509	−58
*570	18·5′	91°55′	1939	610,2	+38,3	+ 339	1600	−60
573	84°15·9′	92°14′	1972	584,7	+23,8	+ 137	1835	−61
576	13·3′	32′	1993	575,3	+21,7	+ 103	1890	−61
579	10·7′	51′	2016	565,3	+19,6	+ 69	1947	−61
582	08·1′	93°10′	2029	568,7	+27,8	+ 176	1853	−62
585	05·5′	28′	2032	556,2	+17,0	+ 23	2009	−61
588	84°02·9′	93°47′	2021	581,3	+39,5	+ 323	1698	−61
591	00·3′	94°06′	2009	598,5	+53,8	+ 512	1497	−60
594	83°57·7′	24′	2018	601,3	+60,2	+ 593	1425	−60
597	55·1′	43′	2009	586,9	+43,9	+ 367	1642	−59
600	52·5′	95°02′	1979	574,5	+23,0	+ 79	1900	−57
603	83°49·9′	95°20′	1981	547,8	− 2,2	− 260	2241	−58
*606	47·3′	39′	1979	565,9	+16,1	− 26	2005	−56
609	44·9′	56′	1970	565,7	+13,9	− 105	2075	−53
612	42·6′	96°13′	1970	555,5	+ 4,5	− 281	2251	−49
615	40·3′	30′	1966	567,4	+15,9	− 176	2142	−45
618	83°37·9′	96°47′	1974	559,5	+11,3	− 287	2261	−42
621	35·6′	97°04′	1982	532,7	−12,3	− 657	2639	−38
624	33·2′	21′	1992	521,0	−20,1	− 812	2804	−35
627	30·9′	37′	2007	510,7	−25,0	− 927	2934	−32
630	28·6′	54′	2021	519,3	−11,3	− 791	2812	−29
633	83°26·2′	98°13′	2014	541,7	+ 9,8	− 553	2567	−25
636	23·9′	28′	2028	534,7	+ 7,9	− 628	2656	−22
639	21·5′	45′	2026	508,6	−18,0	−1041	3067	−17
*642	19·2′	99°02′	2041	493,5	−27,7	−1209	3250	−15
645	16·7′	17′	2046	503,0	−15,8	−1000	3046	−19
648	83°14·2′	99°32′	2061	522,3	+ 9,1	− 615	2676	−23
651	11·7′	48′	2055	521,0	+ 6,8	− 598	2653	−26
654	09·2′	100°03′	2073	519,1	+11,3	− 490	2563	−31
657	06·6′	18′	2094	513,3	+12,9	− 420	2514	−35
660	04·1′	33′	2116	518,6	+25,9	− 197	2313	−39

Stations	Latitude S.	Longitude W. G.	Altitude m	g obs. 982...	An. Faye	h roche m	glace m	An. Boug. 0,9—2,67
663	83°01·6′	100°49′	2122	507,1	+ 17,2	− 267	2389	−43
666	82°59·1′	101°04′	2129	486,3	− 0,5	− 460	2589	−47
669	56·6′	19′	2126	502,5	+ 15,7	− 192	2318	−50
672	54·0′	34′	2157	481,4	+ 5,1	− 289	2446	−55
675	51·5′	50′	2159	489,0	+ 14,2	− 118	2277	−58
*678	82°49·0′	102°05′	2184	509,8	+ 43,7	+ 329	1855	−63
681	47·4′	25′	2199	535,3	+ 74,4	+ 788	1411	−67
684	45·8′	44′	2218	471,0	+ 16,6	+ 48	2170	−70
687⊕	44·2′	103°04′	2225	492,4	+ 40,7	+(363)	(1862)	−(70)
690	42·6′	23′	2216	549,9	+ 96,1	+1213	1003	−77
693	82°41·0′	103°43′	2289	552,2	+121,5	+1600	689	−83
694·2	40·5′	51′	2333	555,7	+138,8	+1852	481	−86
696	39·4′	104°02′	2360	548,7	+140,5	+1901	459	−89
698	38·3′	15′	2284	560,9	+129,7	+1783	501	−88
699	37·8′	22′	2252	569,0	+128,1	+1775	477	−88
702	82°36·2′	104°41′	2164	539,1	+ 71,7	+1054	1110	−88
705	34·6′	105°01′	2137	502,3	+ 27,2	+ 493	1644	−90
708	33·0′	20′	2136	496,0	+ 21,2	+ 455	1681	−93
*708·4	32·9′	23′	2129	501,3	+ 24,4	+ 504	1625	−93
711	32·5′	43′	2077	531,4	+ 38,6	+ 667	1410	−89
714	82°30·5′	106°00′	2005	515,0	+ 0,7	− 70	2075	−70
717	28·5′	17′	2006	521,1	+ 7,9	− 2	2008	−68
720	26·5′	34′	1941	555,9	+ 23,5	+ 179	1762	−63
723	23·8′	57′	1904	564,3	+ 21,5	+ 122	1782	−59
726	22·5′	107°08′	1917	547,4	+ 9,1	− 76	1993	−57
729	82°20·5′	107°25′	1886	550,5	+ 3,5	− 183	2069	−54
732	18·5′	42′	1855	557,0	+ 1,2	− 244	2099	−51
735	16·5′	59′	1835	572,9	+ 11,7	− 132	1967	−48
738	14·5′	108°16′	1804	581,5	+ 11,6	− 163	1967	−44
741	12·5′	33′	1787	572,2	− 2,2	− 380	2167	−41
744	82°10·5′	108°50′	1793	562,3	− 9,4	− 508	2301	−39
*747	08·5′	109°07′	1793	568,6	− 2,3	− 442	2235	−37

⊕ = Les chiffres originaux des deux avant-dernières colonnes sont erronés (−99, 2324, d'où An. Boug. = −36) par rapport aux résultats des stations voisines étant donné la variation de g et des anomalies de Faye.

Les chiffres adoptés ont été calculés en tenant compte des variations des anomalies de Faye et du coefficient d'équivalence (12,8) entre milligal et épaisseur de glace d'après le coefficient utilisé pour les stations voisines.

C.) VICTORIA LAND Traverse 1958—1959 *[15]*

Station de référence: MACMURDO Bldg 30 g = 982 992,8 mgal

Les anomalies de Bouguer ont été calculées en tenant compte d'un plateau de glace (densité 0,9) jusqu'au niveau d'altitude zéro, la position du socle rocheux sous-glaciaire ne nous ayant pas été communiquée.

* Sondages séismiques.

Stations	Latitude S.	Longitude E. G.	Altitude m	g obs. 982...	An. Faye	h roche m	glace m	An. Boug. 0,9
*LAS	78°11′1	162°11′†	43	983,0	— 7,3			— 9
*56·0	79°01′7	170°42′	64	⊕002,2	—11,4			—14
56·1	02′0	22′	64	⊕004,2	— 9,4			—12
56·2	02′3	01′	64	⊕010,4	— 3,3			— 6
56·3	02′6	169°38′	65	⊕007,5	— 6,1			— 8
*57·0	79°03′1	169°11′	62	997,6	—17,2			—19
57·1	03′3	168°56′	62	⊕000,5	—14,4			—17
57·2	03′6	25′	60	⊕006,8	— 8,9			—11
57·3	03′8	06′	60	⊕011,7	— 4,1			— 6
57·4	04′1	167°44′	61	⊕019,8	+ 4,1			+ 2
*58·0	79°04′4	167°24′	62	⊕022,3	+ 6,8			+ 4
58·1	04′5	01′	61	⊕015,2	— 0,7			— 3
58·2	04′6	166°40′	65	⊕004,2	—10,5			—13
58·3	04′6	19′	66	994,4	—20,0			—22
58·4	04′7	165°58′	70	981,7	—31,5			—34
*59·0	79°04′8	165°38′	73	978,4	—34,0			—37
59·1	04′8	15′	74	983,7	—28,4			—31
59·2	04′9	164°52′	76	988,4	—23,1			—26
59·3	04′9	29′	76	991,9	—19,6			—22
59·4	05′0	05′	72	991,6	—21,2			—24
*60·0	79°05′0	163°51′	69	997,9	—15,8			—18
60·1	04′5	30′	64	972,7	—42,3			—45
60·2	03′9	10′	56	955,9	—61,2			—63
60·3	03′4	162°49′	64	953,7	—60,7			—63
60·4	02′9	29′	76	943,8	—66,6			—69
60·5	79°02′6	162°19′	79	942,1	—67,2			—70
*61·0	00′1	15′	84	936,8	—69,5			—73
*61·6	78°57′5	30′	76	952,8	—54,5			—57
61·7	56′2	38′	72	978,3	—29,5			—32
*61·5	58′3	26′	78	934,7	—72,5			—75

† = W.G.
⊕ = 983... gals

Stations	Latitude S.	Longitude E. G.	Altitude m	g obs. 982 . . .	An. Faye	h roche m	glace m	An. Boug. 0,9
*61·4	78°58′7	162°22′	80	930,7	— 76,1			— 79
*61·3	59′3	18′	84	930,8	— 75,1			— 78
*61·1	79°00′3	10′	71	947,6	— 62,9			— 66
*61·2	01′2	06′	70	960,9	— 50,4			— 53
61·8	01′7	02′	66	973,3	— 39,5			— 42
61·10	78°57′8	162°10′	86	925,9	— 78,5			— 82
61·11	56′0	05′	85	919,4	— 84,3			— 87
61·12	54′0	00′	97	902,3	— 96,5			—100
*62·0	51′4	161°54′	107	885,9	—108,4			—112
*62·1	49′9	162°06′		866,8				
62·3	78°50′3	162°02′		864,1				
62·4	50′7	00′		868,0				
62·5	51′0	161°57′		875,9				
62·6	50′5	53′	113	872,5	—119,4			—124
62·7	50′0	52′	110	865,7	—126,8			—131
62·8	78°49′0	161°50′	114	855,8	—134,9			—139
62·9	48′1	49′	114	848,8	—141,4			—146
62·10	47′1	48′	113	844,9	—145,1			—149
62·11	46′3	46′	109	843,7	—147,0			—151
62·12	45′2	44′	107	840,6	—150,1			—154
62·13	78°44′2	161°43′	102	833,4	—158,3			—162
*63·0	43′4	41′	102	825,7	—165,5			—169
63·1	42′4	40′	118	820,1	—165,6			—170
63·2	41′4	40′	122	822,2	—161,7			—166
63·3	40′4	42′	126	826,9	—155,2			—160
63·4	78°39′3	161°42′	126	829,0	—152,4			—157
*64·0	38′5	41′	144	830,4	—145,0			—150
64·1	37′2	41′	150	821,7	—151,1			—157
64·2	36′3	41′	164	809,9	—158,0			—164
64·3	35′2	41′	178	799,3	—163,7			—170
64·4	78°34′3	161°41′	184	793,5	—167,1			—174
65·0	33′0	41′	195	790,3	—166,1			—173
65·1	32′2	41′	207	784,6	—167,7			—175
65·2	31′3	42′	240	778,6	—163,0			—172
65·3	30′4	44′	256	776,6	—159,5			—169
65·4	78°29′4	161°46′	265	783,6	—149,1			—159
*66·0	28′3	47′	372	772,2	—126,8			—141
66·1	28′0	47′	394	759,9	—132,2			—147
66·2	27′8	47′	407	766,5	—121,4			—137
66·3	26′6	48′	440	761,5	—115,6			—132

Stations	Latitude S.	Longitude E. G.	Altitude m	g obs. 982...	An. Faye	h roche m	glace m	An. Boug. 0,9
66·4	78°26′2	161°49′	451	761,4	−112,0			−129
66·5	26′3	47′	443	759,7	−116,2			−133
66·6	25′7	46′	473	752,5	−113,8			−132
66·7	24′5	43′	627	746,6	− 71,5			− 95
66·8	23′8	42′	665	730,8	− 75,2			−100
66·9	78°22′7	161°37′	778	675,9	− 94,5			−124
66·10	22′2	36′	797	669,0	− 95,3			−125
*67·0	21′8	36′	814	661,6	− 97,2			−128
67·1	19′8	37′	865	646,9	− 94,9			−127
67·2	19′7	37′	881	644,9	− 92,0			−125
67·3	78°19′7	161°33′	913	663,2	− 63,8			− 98
67·4	19′4	31′	933	675,6	− 45,0			− 80
67·5	19′5	29′	918	688,6	− 36,7			− 71
*68·0	18′3	24′	1015	666,2	− 28,5			− 67
68·1	16′5	22′	1122	631,3	− 29,3			− 72
68·2	78°15′7	161°16′	1238	612,1	− 12,2			− 59
68·3	14′5	14′	1336	590,6	− 2,7			− 53
*69·0	13′6	13′	1449	564,6	+ 6,7			− 48
69·1	11′8	09′	1543	550,2	+ 22,4			− 36
69·2	11′3	05′	1608	538,4	+ 31,0			− 30
69·3	78°10′5	160°58′	1649	530,4	+ 36,1			− 26
69·4	09′7	51′	1706	512,1	+ 35,9			− 28
69·5	09′2	44′	1735	503,5	+ 36,5			− 29
69·6	08′8	40′	1747	488,2	+ 25,2			− 41
69·7	08′3	35′	1756	474,2	+ 14,2			− 52
*70·0	78°07′7	160°28′	1770	464,6	+ 9,3			− 57
70·1	07′0	19′	1774	455,9	+ 2,3			− 64
70·2	06′3	11′	1813	447,0	+ 5,9			− 62
70·3	05′7	02′	1847	439,5	+ 9,2			− 60
70·4	04′3	159°46′	1956	434,6	+ 38,8			− 35
70·5	78°03′8	159°43′	1988	426,6	+ 41,0			− 34
70·6	03′6	38′	2015	421,8	+ 44,6			− 31
70·7	02′9	33′	2045	421,9	+ 54,4			− 23
70·8	02′5	26′	2084	403,0	+ 47,8			− 31
*71·0	02′3	20′	2128	390,9	+ 49,4			− 31
71·1	78°02′2	159°13′	2176	384,1	+ 57,5			− 24
71·2	02′0	07′	2188	390,8	+ 68,0			− 14
71·3	01′8	00′	2247	379,8	+ 75,3			− 9
71·4	01′5	158°48′	2287	369,7	+ 77,8			− 8
71·5	01′2	39′	2316	358,5	+ 75,7			− 11

Stations	Latitude S.	Longitude E. G.	Altitude m	g obs. 982...	An. Faye	h roche m	glace m	An. Boug. 0,9
*72·0⊕	78°01'3	158°25'	2316	340,5⊕	+57,6			− 30
72·1	01'3	06'	2287	343,7	+51,9			− 34
72·2	01'4	157°48'	2274	334,7	+38,8			− 47
72·3	01'4	29'	2210	353,3	+37,7			− 35
72·4	01'5	10'	2177	317,2	− 8,7			− 91
72·5	78°01'5	156°52'	2169	329,2	+ 0,8			− 81
72·6	01'5	33'	2154	330,7	− 2,3			− 83
72·7	01'6	14'	2143	322,6	−13,8			− 94
72·8	01'6	155°55'	2156	316,3	−16,1			− 97
72·9	01'7	37'	2163	307,6	−22,7			−104
*73·0	78°01'7	155°18'	2186	304,8	−18,4			−101
73·1	01'9	154°59'	2207	295,5	−21,4			−104
73·2	02'0	40'	2241	275,0	−31,4			−116
73·3	02'2	21'	2245	280,0	−25,3			−110
73·4	02'4	01'	2270	273,7	−24,0			−109
73·5	78°02'5	153°42'	2270	268,4	−29,4			−115
73·6	02'7	23'	2279	263,6	−31,5			−117
73·7	02'8	04'	2291	256,3	−35,2			−121
*74·0	03'0	152°45'	2279	254,8	−40,5			−126
74·1	03'2	28'	2311	246,5	−39,1			−126
74·2	78°03·4	152°11'	2332	240,7	−38,5			−126
74·3	03'5	151°55'	2330	240,0	−39,9			−128
74·4	03'7	38'	2371	219,0	−48,4			−138
74·5	03'9	21'	2359	217,5	−53,7			−142
74·6	04'1	03'	2363	218,4	−51,7			−141
74·7	78°04'3	150°46'	2364	218,2	−51,7			−141
74·8	04'4	28'	2367	224,5	−44,5			−134
74·9	04'6	12'	2382	223,2	−41,3			−131
*75·0	04'8	149°55'	2393	216,6	−44,6			−135
75·1	04'7	38'	2401	209,7	−49,0			−139
75·2	78°04'6	149°24'	2419	199,6	−53,5			−145
75·3	04'6	09'	2418	196,5	−56,9			−148
75·4	04'5	148°55'	2425	196,1	−55,1			−146
75·5	04'4	41'	2436	193,5	−54,2			−146
75·6	04'3	25'	2444	189,2	−56,0			−148
75·7	78°04'3	148°10'	2452	185,7	−57,0			−149
75·8	04'2	147°56'	2465	181,1	−57,6			−150
75·9	04'1	42'	2477	178,6	−56,3			−150
*76·0	04'0	28'	2483	179,1	−53,9			−147
76·1	03'9	18'	2487	180,9	−50,8			−144

⊕ = Cette station a servi de base pour la traverse gravimétrique (1959—60); toutefois la valeur de g indiquée pour cette station (980 342,6 mgal) diffère légèrement de la valeur ci-dessus.

Stations	Latitude S.	Longitude E. G.	Altitude m	g obs. 982...	An. Faye	roche h m	glace m	An. Boug 0,9
76·2	78°03'7	147°03'	2495	182,7	−46,4			−140
76·3	03'5	146°47'	2502	181,5	−45,3			−139
76·4	03'3	31'	2510	180,4	−43,8			−138
76·5	03'1	16'	2518	177,7	−43,9			−139
76·6	02'9	145°59'	2519	173,8	−47,4			−142
76·7	78°02'7	145°42'	2520	172,3	−48,5			−143
76·8	02'5	29'	2517	173,1	−48,5			−143
*77·0	02'3	13'	2523	173,5	−46,1			−141
77·1	02'4	05'	2523	173,7	−46,0			−141
77·2	02'5	144°50'	2527	172,4	−46,1			−141
77·3	78°02'7	144°34'	2533	169,2	−47,6			−143
77·4	02'9	18'	2534	167,0	−49,6			−145
77·5	03'0	03'	2530	168,9	−49,0			−144
77·6	03'2	143°48'	2533	170,6	−46,5			−142
77·7	03'4	29'	2539	171,0	−44,3			−140
77·8	78°03'5	143°13'	2540	175,4	−39,7			−135
77·9	03'7	142°56'	2536	181,4	−35,0			−130
77·10	03'9	39'	2549	181,7	−30,9			−127
*78·0	04'0	25'	2553	186,5	−24,9			−121
78·1	04'1	11'	2571	184,9	−21,0			−118
78·2	78°04'2	141°56'	2578	181,3	−22,5			−120
78·3	04'2	41'	2578	173,2	−30,6			−128
78·4	04'3	23'	2580	182,4	−20,8			−118
78·5	04'4	06'	2574	184,1	−21,0			−118
78·6	04'5	140°49'	2574	187,5	−17,7			−115
78·7	78°04'6	140°32'	2589	187,2	−13,4			−111
78·8	04'7	15'	2609	176,3	−18,2			−116
78·9	04'7	00'	2603	175,8	−20,6			−119
78·10	04'8	139°46'	2608	177,7	−17,2			−115
*79·0	04'9	32'	2637	164,0	−22,0			−121
79·1	78°04'8	139°16'	2629	159,1	−29,3			−128
79·2	04'6	00'	2632	162,4	−25,0			−124
79·3	04'5	138°43'	2656	155,6	−24,3			−124
79·4	04'4	28'	2652	155,2	−25,9			−126
79·5	04'2	11'	2643	158,4	−25,3			−125
79·6	78°04'1	137°54'	2657	155,3	−24,0			−124
79·7	04'0	38'	2657	147,5	−31,8			−132
79·8	03'8	20'	2667	151,3	−24,8			−125
79·9	03'7	02'	2666	153,0	−23,3			−124
79·10	03'6	136°45'	2675	147,1	−26,4			−127

Stations	Latitude S.	Longitude E. G.	Altitude m	g obs. 982...	An. Faye	h roche m	glace m	An. Boug. 0,9
*80·0	78°03′4	136°26′	2686	140,8	−29,2			−130
80·1	03′7	11′	2691	135,4	−33,2			−135
80·2	04′1	135°55′	2700	131,6	−34,5			−136
80·3	04′2	49′	2702	132,7	−32,8			−135
*81·0	04′3	46′	2705	132,6	−32,1			−134
81·1	78°04′6	135°29′	2714	134,1	−28,0			−130
81·2	04′9	05′	2727	138,4	−19,8			−122
*81·3	05′1	134°52′	2734	140,8	−15,4			−118
81·4	04′9	33′	2748	138,9	−12,9			−116
81·5	04′8	16′	2758	140,2	− 8,4			−112
81·6	78°04′6	134°02′	2765	145,6	− 0,7			−105
81·7	04′5	133°46′	2773	149,0	+ 5,2			− 99
81·8	04′3	30′	2785	153,8	+13,8			− 91
81·9	04′2	14′	2795	150,2	+13,4			− 92
81·10	04′0	132°54′	2812	138,3	+ 6,8			− 99
81·11	78°03′8	132°38′	2826	136,1	+ 9,1			− 97
81·12	03′6	20′	2835	127,3	+ 3,2			−104
81·13	03′5	01′	2843	119,9	− 1,7			−109
*82·0	03′3	131°43′	2854	120,4	+ 2,3			−105
*83·0	04′4	148°39′	2438	192,7	−54,4			−146
*84·0	78°02′4	154°01′	2282	273,6	−20,4			−106
*85·0	79°04′9	165°11′	78	986,5	−24,4			− 27
57·5	78°59′8	169°22′	62	⊕003,7	− 9,2			− 11
57·6	55′8	34′	61	997,0	−14,0			− 16
57·7	52′1	46′	61	⊕000,4	− 8,5			− 11
57·8	78°48′9	169°55′	59	⊕000,2	− 7,5			− 10
57·9	44′8	170°07′	59	996,9	− 8,4			− 11
57·10	40′5	12′	58	998,0	− 5,1			− 7
57·11	37′0	11′	57	989,8	−11,6			− 14
57·12	32′6	10′	56	979,3	−19,8			− 22
57·13	78°28′0	170°09′	56	975,7	−20,7			− 23
*86·0	24′7	08′	54	972,2	−22,8			− 25
86A	22′5	08′	54	972,5	−21,2			− 23
86B	20′0	02′	51	974,3	−18,9			− 21
86C	17′3	169°51′	47	977,1	−15,7			− 17
86D	78°13′7	169°36′	42	984,7	− 7,5			− 9
86E	10′6	22′	39	991,8	+ 0,6			− 1
*87·0	08′0	11′	35	991,7	+ 0,8			− 1
*88·0	04′5	168°57′	31	987,1	− 2,9			− 4
*89·0	00′6	40′	23	978,7	−11,3			− 12

⊕ = 983... gals

Stations	Latitude S.	Longitude E. G.	Altitude m	g obs. 982...	An. Faye	h roche m	glace m	An. Boug. 0,9
*90·0	77°58′0	168°22′	26	944,6		−42,9		− 44
*91·0	55′0	06′	25	962,7		−23,3		− 24
*92·0	51′8	167°50′	29	973,3		− 9,5		− 11
*93·0	52′7	26′	25	947,4		−37,2		− 38
93V	53′3	15′	25	946,8		−38,1		− 39
*94·0	77°52′0	167°16′	22	941,4		−43,6		− 44
*95·0	51′2	06′	15	949,6		−37,1		− 38
*96·0	50′9	01′	10	958,2		−29,9		− 30
*97·0	50′5	166°56′	7	972,1		−16,6		− 17
97A	51′0	52′	6	974,0		−15,4		− 16

C′) VICTORIA LAND Traverse 1959—1960 *[15 bis]*

Station de référence: MACMURDO Bldg 30 g = 982 992,8 mgal

La station n°72 de la précédente campagne (C) a servi de point de départ; ici la valeur de g est toutefois supérieure de 2,1 mgal à la valeur publiée dans la liste précédente (982 340,5 mgal).

Les mesures ont été faites avec le gravimètre Frost C-3-65, à des intervalles d'environ 5 km.

Stations	Latitude S.	Longitude E. G.	Altitude m	g obs. 982...	An. Faye	h roche m	glace m	An. Boug. 0,9—2,67
72	78°01·4′	158°25·0′	2316	342,6	+59,7	+1430	886	−133
72·05	01·4′	23·0′	2313	336,8	+52,9	+1350	963	−134
72·10	01·4′	21·0′	2306	334,1	+48,1	+1279	1027	−134
72·15	01·4′	19·0′	2303	331,0	+44,1	+1220	1083	−133
72·20	01·4′	16·0′	2293	330,0	+40,0	+1150	1143	−132
72·26	78°01·4′	158°14·0′	2284	331,4	+38,6	+1131	1153	−131
72·30	01·4′	11·0′	2290	334,5	+43,5	+1200	1090	−132
72·35	01·4′	10·0′	2291	340,7	+50,1	+1290	1001	−132
72·40	01·4′	07·0′	2297	348,7	+59,9	+1431	866	−133
72·45	01·4′	05·0′	2302	352,7	+65,5	+1550	752	−136
72·64	78°01·5′	157°58·0′	2298	339,5	+51,0	+1280	1018	−130
72·92	01·5′	43·0′	2241	356,9	+50,8	+1217	1024	−124
72·11·2	01·5′	36·0′	2215	360,2	+46,0	+1322	893	−135
72·13·4	01·6′	27·0′	2168	347,2	+18,5	+ 690	1478	−114
72·17	01·6′	09·0′	2180	318,4	− 6,6	+ 345	1835	−114
72·21	78°01·7′	156°52·0′	2172	334,4	+ 6,9	+ 510	1662	−113
72·24·2	01·7′	39·0′	2159	333,4	+ 1,8	+ 412	1747	−110
72·27·2	01·8′	25·0′	2150	327,5	− 6,9	+ 265	1885	−108
72·30·2	01·8′	11·0′	2150	325,8	− 8,6	+ 235	1915	−107
72·33·2	01·9′	155°57·0′	2163	317,3	−13,1	+ 177	1986	−108
72·36·2	78°01·9′	155°43·0′	2170	310,9	−17,4	+ 109	2061	−107
72·39·2	02·0′	29·0′	2165	312,7	−17,2	+ 88	2077	−105
72·41·5	02·0′	19·0′	2204	306,5	−11,4	+ 211	1993	−110
72·45·0	02·1′	00·0′	2222	298,4	−14,0	+ 205	2017	−113
72·48·0	02·1′	154°46·0′	2257	281,8	−19,8	+ 175	2082	−118
72·50·7	78°02·2′	154°33·0′	2264	273,7	−25,8	+ 120	2144	−120
72·53·7	02·2′	18·0′	2263	285,8	−14,0	+ 292	1973	−121
84(500)	02·2′	06·0′	2276	283,7	−12,1	+ 345	1931	−123
500A	00·0′	02·0′	2285	258,2	−33,4	+ 81	2204	−125
500B	77°56·8′	153°56·0′	2290	246,3	−41,8	− 10	2300	−127

Stations	Latitude S.	Longitude E. G.	Altitude m	g obs. 982...	An. Faye	h roche m	glace m	An. Boug. 0,9—2,67
500C	77°54·1′	153°52·0′	2294	242,6	−42,6	− 9	2303	−128
500D	52·1′	47·0′	2305	240,8	−39,8	+ 59	2246	−131
500E	50·0′	44·0′	2311	241,4	−36,0	+124	2187	−132
500F⊕	47·5′	40·0′	2337	233,6	−34,2	+185	(2152)	−136
500G⊕	45·3′	36·0′	2339	226,6	−39,3	+129	(2210)	−137
501⊕	77°41·5′	153°29′	2336	236,9	−27,5	+315	(2021)	−139
501A⊕	40·0′	26′	2342	234,8	−26,8	+332	(2010)	−140
501B⊕	37·3′	22′	2343	225,7	−33,9	+255	(2088)	−141
501C⊕	34·8′	18′	2344	228,3	−29,4	+331	(2013)	−142
501D	32·1′	13′	2362	218,9	−31,5	+332	2030	−145
501E	77°29·2′	153°08′	2366	211,1	−36,2	+290	2076	−147
502	27·8′	06′	2371	209,5	−35,4	+315	2056	−148
502A	25·0′	01′	2383	205,1	−34,3	+300	2083	−146
502B	22·5′	152°56′	2397	196,8	−36,7	+228	2169	−144
502C	20·0′	52′	2401	191,1	−39,5	+142	2259	−140
502D	77°17·5′	152°47′	2411	193,2	−32,7	+195	2216	−138
502E	14·8′	42′	2425	184,3	−35,5	+122	2303	−136
502F	12·0′	37′	2429	181,4	−35,4	+ 82	2347	−133
503	09·0′	33′	2435	177,9	−35,1	+ 44	2391	−130
503A	06·8′	27′	2435	177,8	−33,7	+ 22	2413	−127
504	77°02·1′	152°19′	2437	182,7	−25,1	− 17	2454	−116
504A	00·5′	14′	2440	179,2	−26,6	− 21	2461	−117
504B	76°58·2′	06′	2452	174,1	−26,5	− 4	2456	−119
504C	56·0′	151°59′	2459	170,0	−27,0	+ 8	2451	−120
504D	53·7′	51′	2460	170,1	−25,0	+ 40	2420	−121
505	76°52·0′	151°46′	2463	167,7	−25,4	+ 42	2421	−121
505A	50·3′	41′	2464	162,4	−29,2	+ 4	2460	−122
505B	48·5′	35′	2467	159,3	−30,2	− 8	2475	−122
505C	47·0′	30′	2466	156,8	−32,0	− 31	2497	−123
505D	46·1′	27′	2467	156,0	−31,9	− 22	2489	−123

⊕ = Les épaisseurs de glace indiquées dans le texte original, incompatibles avec les autres données, ont été modifiées en admettant que la position h_r du socle rocheux est exacte:

500 F	2152 m	au lieu de 2276 m
500 G	2210	au lieu de 2283
501	2021	au lieu de 2150
501A	2010	au lieu de 2325
501B	2088	au lieu de 2420
501C	2013	au lieu de 2268

Stations	Latitude S.	Longitude E. G.	Altitude m	g obs. 982...	An. Faye	h roche m	glace m	An. Boug. 0,9—2,67
505E	76°44·2′	151°21′	2468	154,0	−32,3	− 22	2490	−124
505F	42·2′	15′	2469	154,0	−30,6	+ 6	2463	−124
505G	40·5′	10′	2473	154,1	−28,2	+ 49	2424	−125
505H	38·5	03′	2472	152,7	−28,5	+ 50	2422	−125
505I	36·2′	150°55′	2474	150,2	−28,8	+ 52	2422	−126
506	76°35·3′	150°53′	2476	149,0	−28,8	+ 56	2420	−126
506A	32·7′	43′	2479	145,9	−29,2	+ 67	2412	−128
506B	30·1′	34′	2482	144,6	−27,8	+ 97	2385	−128
507	27·0′	24′	2479	147,9	−23,3	+170	2309	−129
507A	25·0′	18′	2481	142,0	−27,2	+122	2359	−130
507B	76°22·7′	150°10′	2480	136,8	−31,1	+ 75	2405	−130
507C	20·5′	04′	2479	134,0	−32,7	+ 60	2419	−130
507D	19·0′	149°58′	2477	131,7	−34,6	+ 47	2430	−131
507E	16·7′	51′	2477	127,6	−37,1	+ 12	2465	−131
508	15·5′	47′	2474	125,3	−39,5	− 20	2494	−131
508A	76°13·5′	149°42′	2479	121,5	−40,3	− 18	2497	−132
508B	11·3′	35′	2470	116,9	−46,2	−101	2571	−132
508C	09·7′	30′	2471	112,6	−49,0	−128	2599	−133
509	07·5′	23′	2468	108,0	−53,0	−180	2648	−133
509A	05·0′	16′	2467	106,0	−53,6	−182	2649	−133
509B	76°02·7′	149°09′	2470	103,3	−53,7	−174	2644	−134
509C	00·0′	02′	2469	102,0	−53,4	−167	2636	−134
509D	75°57·2′	148°54′	2467	100,9	−53,1	−154	2621	−135
509E	54·8′	46′	2469	100,2	−51,5	−121	2590	−136
509F	51·0′	38′	2483	096,0	−48,7	− 68	2551	−137
510	75°47·3′	148°27′	2490	090,8	−49,1	− 50	2540	−139
510A	45·4′	19′	2487	091,2	−48,2	− 2	2489	−142
510B	43·3′	12′	2487	090,2	−47,7	+ 51	2436	−145
510C	46·1′	04′	2491	092,8	−45,9	+115	2376	−148
510D	38·9′	⊕147°56′	2499	093,7	−37,3	+282	2217	−152
510E	75°36·7′	⊕147°48′	2508	092,3	−34,3	+379	2129	−157
510F	34·2′	⊕40′	2508	091,2	−33,6	+427	2081	−160
510G	32·0′	⊕32′	2512	089,2	−32,8	+485	2027	−163
511	30·5′	26′	2517	085,8	−33,5	+515	2002	−166
511A	27·0′	18′	2512	077,4	−40,9	+465	2047	−170
511B	75°24·5′	147°14′	2509	073,1	−44,3	+458	2051	−173
511C	21·1′	07′	2510	069,5	−45,1	+499	2011	−177
511D	18·0′	00′	2515	064,8	−45,9	−548	1967	−181
511E	14·5′	* 146°52′	2523	060,2	−45,5	+630	1893	−187
512	12·1′	49′	2520	062,4	−42,4	+702	1818	−189

⊕ = Correction au texte original qui portait 148°
* = Correction au texte original qui portait 147°

Stations	Latitude S.	Longitude E. G.	Altitude m	g obs. 982...	An. Faye	h roche m	glace m	An. Boug. 0,9—2,67
512A	75°10·5′	146°44′	2511	065,3	−41,1	+699	1812	−187
512B	07·8′	34′	2517	064,1	−38,4	+720	1797	−186
512C	04·5′	25′	2517	062,9	−37,1	+704	1813	−184
512D	01·8′	16′	2524	059,4	−36,5	+698	1826	−183
512E	74°58·5′	08′	2535	054,1	−35,9	+695	1840	−183
512F	74°55·6′	145°59′	2539	049,9	−36,6	+662	1877	−181
513	53·0′	52′	2549	045,3	−36,2	+651	1898	−180
513A	50·8′	44′	2559	036,8	−39,9	+590	1969	−180
513B	48·2′	35′	2552	038,2	−38,7	+585	1967	−178
513C	41·3′	28′	2554	043,0	−28,0	+723	1831	−178
513D	74°44·2′	145°20′	2568	042,7	−26,2	+732	1836	−177
513E	41·8′	12′	2572	045,5	−20,3	+798	1774	−176
513F	39·5′	05′	2573	048,0	−15,7	+848	1725	−175
513G	37·3′	144°57′	2577	040,9	−19,9	+751	1826	−173
514	36·0′	52′	2581	036,1	−22,5	+720	1861	−173
514A	74°34·5′	144°46′	2586	033,1	−22,8	+711	1875	−173
514B	32·3′	43′	2590	031,8	−21,1	+721	1869	−172
514C	34·1′	26′	2590	033,3	−21,0	+700	1890	−170
515	34·1′	24′	2590	033,3	−21,0	+697	1893	−170
515A	31·0′	20′	2589	031,5	−20,7	+670	1919	−168
516	74°27·5′	144°15′	2591	028,8	−20,1	+650	1941	−166
516A	24·7′	12′	2592	026,3	−20,1	+630	1962	−164
516B	21·8′	10′	2590	021,4	−23,3	+562	2028	−162
516C	18·9′	07′	2588	017,0	−26,1	+507	2081	−161
516D	15·8′	05′	2591	016,8	−22,9	+537	2054	−160
516E	74°13·0′	144°02′	2586	021,5	−17,5	+583	2003	−158
516F	10·0′	143°59′	2584	024,8	−12,5	+630	1954	−156
516G	06·9′	56′	2580	025,9	−10,2	+636	1944	−154
517	05·5′	55′	2575	027,9	− 8,6	+640	1935	−153
517A	03·0′	51′	2575	027,2	− 7,3	+642	1933	−152
517B	74°00·0′	143°47′	2577	029,0	− 2,5	+697	1880	−151
517C	73°57·3′	42′	2573	028,5	− 2,0	+680	1893	−149
518	55·5′	38′	2571	028,3	− 1,4	+665	1906	−148
518A	53·0′	35′	2563	028,8	− 1,4	+638	1925	−145
518B	50·3′	34′	2553	029,5	− 1,6	+607	1946	−143
518C	73°48·1′	143°30′	2542	032,3	− 0,4	+589	1953	−140
519	44·4′	28′	2541	030,2	+ 0,2	+575	1966	−136
519A	42·0′	23′	2536	039,1	+ 9,5	+665	1871	−135
519B	39·1′	18′	2539	044,3	+18,0	+755	1784	−133
519C	37·1′	15′	2535	035,9	+10,0	+619	1916	−131

Stations	Latitude S.	Longitude E. G.	Altitude m	g obs. 982...	An. Faye	h roche m	glace m	An. Boug. 0,9—2,67
519D	73°35·0′	143°12′	2530	036,3	+10,6	+582	1948	−128
519E	32·0′	08′	2524	037,3	+12,2	+575	1949	−126
519F	29·5′	05′	2516	035,7	+10,2	+510	2006	−122
520	27·0′	00′	2521	032,0	+10,1	+477	2044	−120
520A	24·2′	142°55′	2521	034,9	+15,3	+519	2002	−118
520B	73°21·8′	142°52′	2518	035,9	+17,3	+515	2003	−116
520C	19·0′	* 47′	2518	033,0	+16,8	+476	2042	−113
520D	16·0′	* 43′	2512	034,5	+18,9	+467	2045	−110
520E	13·1′	* 39′	2507	032,7	+18,0	+400	2107	−106
520F	10·6′	* 35′	2508	039,0	+16,7	+362	2146	−105
521	73°07.4′	142°30′	2516	018,7	+11,5	+262	2254	−103
521A	05·0′	27′	2520	019,2	+15,3	+308	2212	−102
521B	02·2′	22′	2517	021,1	+18,6	+332	2185	−101
521C	72°59·5′	17′	2515	020,5	+19,7	+331	2184	− 99
521D	57·1′	12′	2509	020,7	+20,0	+310	2199	− 98
521E	72°54·5′	142°07′	2506	020,3	+20,9	+300	2206	− 96
521F	51·6′	02′	2503	020,9	+23,1	+310	2193	− 94
521G	49·3′	141°58′	2500	020,3	+23,5	+301	2199	− 93
522	46·3′	54′	2506	016,1	+23,7	+298	2208	− 93
522A	45·7′	53′	2504	015,6	+23,1	+281	2223	− 92
522B	72°43·4′	141°48′	2499	012,6	+20,5	+220	2279	− 90
522C	41·6′	45′	2496	010,4	+18,9	+189	2307	− 89
522D	40·0′	42′	2497	010,1	+20,3	+193	2304	− 88
522E	38·9′	40′	2497	008,6	+19,8	+185	2312	− 84
523	38·0′	38′	2498	006,9	+19,2	+165	2333	− 87
523A	72°36·4′	141°35′	2503	004,9	+20,1	+180	2323	− 87
523B	35·2′	32′	2504	006,4	+22,9	+212	2292	− 87
523C	33·8′	29′	2502	007,8	+24,9	+220	2282	− 86
523D	32·0′	25′	2496	011,4	+28,2	+255	2241	− 85
523E	30·7′	22′	2494	015,1	+32,4	+298	2196	− 84
523F	72°29·0′	141°20′	2495	015,8	+34,9	+324	2171	− 83
524	28·7′	21′	2498	016,8	+37,1	+348	2150	− 83
524A	26·1′	15′	2502	017,2	+41,0	+470	2032	− 88
524B	23·8′	10′	2502	001,1	+26,9	+370	2132	− 95
524C	21·0′	06′	2488	002,4	+26,3	+430	2058	− 99
524D	72°18·5′	141°02′	2493	⊕ 992,7	+20,3	+425	2068	−105
525	15·8′	140°56′	2491	⊕ 978,1	+ 7,5	+325	2166	−110
525A	13·2′	52′	2500	⊕ 965,9	+ 0,3	+338	2162	−119
525B	11·0′	48′	2510	⊕ 942,4	−18,2	+167	2343	−125
525C	08·1′	44′	2515	⊕ 921,0	−35,5	+ 10	2505	−131

* = Correction au texte original qui portait 143°
⊕ = 981 ... gals

Stations	Latitude S.	Longitude E. G.	Altitude m	g obs. 981...	An. Faye	h roche m	glace m	An. Boug. 0,9—2,67
525D	72°05·8′	140°39′	2501	919,8	−38,9	+ 25	2476	−135
525E	03·2′	35′	2514	892,6	−59,8	−125	2639	−145
525F	00·3′	30′	2494	874,6	−81,4	−384	2878	−147
526	71°58·0′	27′	2482	860,8	−96,9	−433	2915	−158
526A	55·2′	23′	2472	855,7	−102,6	−495	2967	−159
526B	71°53·0′	140°20′	2470	851,2	−105,7	−495	2965	−162
527	50·2′	15′	2467	849,1	−106,3	−415	2882	−168
527A	47·6′	12′	2469	853,0	−99,4	−354	2823	−166
527B	45·0′	10′	2464	858,9	−92,4	−311	2775	−162
528	42·2′	06′	2467	862,4	−85,8	−255	2722	−160
528A	71°39·3′	140°04′	2471	864,9	−79,4	−105	2576	−165
528B	37·1′	01′	2466	869,3	−74,6	− 80	2546	−162
528C	34·5′	139°57′	2465	869,5	−72,4	− 80	2545	−159
528D	31·9′	54′	2469	864,4	−73,9	−232	2701	−150
529	29·6′	54′	2458	869,1	−70,5	−230	2688	−146
529A	71°27·0′	139°50′	2453	872,9	−65,9	−215	2668	−142
529B	24·2′	46′	2459	878,0	−56,3	−120	2579	−140
529C	21·8′	41′	2461	888,5	−43,0	+ 23	2438	−137
529D	19·3′	37′	2474	889,0	−36,2	+ 90	2384	−136
529E	16·7′	32′	2478	889,4	−32,2	+109	2369	−134
530	71°14·0′	139°28′	2487	892,0	−24,4	+181	2306	−132
530A	11·6′	22′	2498	891,9	−18,9	+230	2268	−130
530B	10·0′	18′	2509	889,6	−16,3	+250	2259	−129
530C	09·2′	16′	2511	889,2	−15,3	+250	2261	−128
531	07·8′	11′	2513	888,9	−13,7	+250	2263	−127
530C	71°09.2′	139°16′	2510	889,5	−15,3	+240	2270	−128
530B	10·0′	18′	2507	890,2	−16,3	+232	2275	−128
530A	11·6′	22′	2498	892,2	−18,6	+230	2268	−130
530	14·0′	28′	2486	891,9	−24,8	+165	2321	−131
529E	16·7′	32′	2479	889,5	−31,8	+108	2371	−133
529D	71°19·3′	139°37′	2474	888,5	−36,7	+ 73	2401	−135
529C	21·0′	41′	2461	888,1	−43,4	+ 18	2443	−137
529B	24·2′	46′	2461	877,6	−56,1	−114	2575	−140
529A	27·0′	50′	2456	872,2	−65,6	−210	2666	−143
529	29·6′	54′	2461	869,0	−69,6	−220	2681	−146
528DD	71°31·9′	139°54′	2469	863,8	−74,5	−210	2679	−152
528CC	34·5′	57′	2464	868,9	−73,3	−160	2624	−154
528BB	37·1′	01′	2466	869,1	−74,8	−143	2609	−157
528AA	39·3′	04′	2467	865,5	−80,1	−190	2657	−159
528	42·2′	140°08′	2464	861,8	−87,3	−267	2731	−160

Stations	Latitude S.	Longitude E. G.	Altitude m	g obs. 981...	An. Faye	h roche m	glace m	An. Boug. 0,9—2,67
527BB	71°45·0′	140°10′	2461	858,2	−94,4	−278	2739	−166
527AA	47·6′	12′	2465	852,8	−100,9	−373	2838	−166
527	50·2′	15′	2464	849,2	−107,1	−413	2877	−169
526BB	53·0′	20′	2466	850,5	−107,7	−529	2995	−161
526AA	55·2′	23′	2471	855,1	−103,5	−550	3021	−156
526	71°58·0′	140°27′	2482	860,1	−97,6	−564	3042	−149
525FF	72°00·2′	31′	2491	870,2	−86,7	−440	2931	−148
525EE	01·8′	34′	2507	880,3	−73,1	−283	2790	−146
532A	01·8′	40′	2494	910,8	−46,6	+ 40	2454	−143
532B	01·8′	47′	2476	932,1	−30,8	+ 75	2401	−130
532C	72°01·8′	140°53′	2465	947,1	−19,2	+148	2317	−123
532D	01·8′	141°00′	2468	944,0	−21,4	+162	2306	−126
532E	01·8′	06′	2481	948,9	−12,5	+140	2341	−116
533	01·8′	08′	2477	956,7	− 5,9	+190	2287	−113
533A	01·8′	14′	2469	966,0	+ 0,9	+231	2238	−109
533B	72°01·9′	141°20′	2463	971,4	+ 4,4	+208	2255	−104
533C	02·0′	26′	2449	979,8	+ 8,4	+190	2259	− 98
533D	02·1′	32′	2430	984,8	+ 7,4	+ 89	2341	− 92
533E	02·2′	38′	2424	983,0	+ 3,7	− 15	2439	− 87
533F	02·3′	44′	2424	984,8	+ 5,4	− 55	2479	− 82
534	72°02·4′	141°45′	2422	984,3	+ 4,2	−120	2542	− 78
534A	02·4′	52′	2418	989,8	+ 8,4	−113	2521	− 74
534B	02·5′	58′	2415	997,3	+14,9	−100	2515	− 69
534C	01·6′	142°04′	2404	*007,3	+22,3	−120	2520	− 59
534D	02·7′	10′	2390	*013,3	+23,0	−190	2580	− 53
534E	72°02·8′	142°16′	2386	*013,9	+22,3	−220	2606	− 51
534F	02·9′	23′	2384	*016,9	+24,6	−240	2624	− 47
534G	03·0′	29′	2383	*021,4	+28,7	−245	2628	− 43
535	03·0′	33′	2383	*024,3	+31,6	−260	2643	− 39
535A	03·5′	39′	2378	*030,3	+35,6	−253	2631	− 35
535B	72°04·0′	142°45′	2373	*033,9	+37,2	−235	2608	− 35
535C	04·5′	50′	2370	*033,9	+35,9	−390	2760	− 24
535D	05·0′	56′	2364	*032,8	+32,5	−515	2879	− 18
535E	05·5′	143°02′	2362	*029,9	+28,5	−624	3086	− 14
535F	06·0′	08′	2359	*026,5	+23,8	−760	3119	− 9
536	72°06·5′	143°12′	2356	*021,6	+17,5	− 898	3254	− 5
536A	06·4′	18′	2352	*015,0	+ 9,7	− 973	3325	− 7
536B	06·3′	24′	2349	*008,0	+ 1,9	−1060	3409	− 8
536C	06·2′	32′	2346	999,8	− 7,1	−1155	3501	− 10
536D	06·1′	38′	2346	992,4	−14,4	−1230	3576	− 12

* = 982 . . . gals

Stations	Latitude S.	Longitude E. G.	Altitude m	g obs. 982...	An. Faye	h roche m	glace m	An. Boug. 0,9—2,67
536E	72°06·1′	143°42′	2346	⊕989,9	−16,9	−1250	3596	−13
537	06·0′	51′	2351	⊕988,8	−16,4	−1194	3545	−16
537A	06·2′	58′	2344	⊕996,3	−11,3	−1105	3449	−18
537B	06·4′	144°04′	2328	003,6	− 9,1	−1072	3400	−17
537C	06·6′	11′	2329	002,4	−10,1	−1055	3384	−20
537D	72°06·8′	144°17′	2329	003,6	− 9,1	−1015	3344	−22
538	07·0′	23′	2328	007,6	− 5,6	− 946	3274	−23
538A	07·0′	30′	2325	015,8	+ 1,7	− 819	3144	−25
538B	07·0′	36′	2327	016,4	+ 2,9	− 725	3102	−31
538C	07·1′	42′	2324	015,7	+ 1,2	− 787	3111	−28
538D	72°07·1′	144°49′	2328	014,5	+ 1,2	− 745	3073	−31
538E	07·1′	55′	2324	017,8	+ 3,3	− 687	3011	−33
538F	07·2′	145°02′	2314	022,8	+ 5,1	− 661	2975	−33
538G	07·2′	08′	2309	025,0	+ 5,8	− 625	2934	−35
538H	07·2′	14′	2313	023,0	+ 5,0	− 610	2923	−37
539	72°07·2′	145°20′	2309	021,8	+ 2,6	− 610	2919	−39
539A	07·4′	27′	2309	022,1	+ 2,7	− 598	2907	−40
539B	07·6′	33′	2304	023,4	+ 2,3	− 580	2884	−42
539C	07·7′	38′	2298	027,1	+ 4,0	− 533	2831	−43
539D	07·8′	43′	2291	029,1	+ 3,8	− 523	2814	−44
539E	72°07·9′	145°48′	2291	028,8	+ 3,4	− 510	2801	−45
540	08·0′	53′	2287	029,2	+ 2,5	− 510	2797	−46
540A	08·1′	146°00′	2280	029,9	+ 0 9	− 535	2815	−45
541	08·2′	05′	2273	029,7	− 1,5	− 579	2852	−44
541A	08·2′	11′	2268	031,1	− 1,7	− 581	2849	−44
541B	72°08·2′	146°17′	2263	030,9	− 3,4	− 615	2878	−43
541C	08·2′	23′	2266	031,0	− 2,4	− 590	2856	−44
541D	08·1′	30′	2262	033,4	− 1,1	− 575	2837	−44
541E	08·1′	33′	2261	036,5	+ 1,7	− 535	2796	−44
541F	08·1′	40′	2258	039,8	+ 4,0	− 505	2763	−44
541G	72°08·0′	146°47′	2251	043,9	+ 6,1	− 482	2733	−43
541H	08·0′	52′	2246	049,8	+10,4	− 430	2676	−42
541I	08·0′	59′	2232	052,7	+ 9,0	− 455	2687	−41
542	08·0′	147°05′	2225	050,9	+ 5,0	− 519	2744	−40
542A	07·8′	12′	2227	050,4	+ 5,3	− 510	2737	−41
542B	72°07·6′	147°18′	2224	052,0	+ 6,2	− 499	2732	−41
542C	07·4′	24′	2227	051,8	+ 7,1	− 478	2705	−41
542D	07·2′	31′	2226	052,1	+ 7,3	− 478	2704	−41
543	07·0′	36′	2222	051,5	+ 5,6	− 500	2722	−41
543A	07·1′	44′	2219	049,4	+ 2,5	− 538	2767	−41

⊕ = 981 . . . gals

Stations	Latitude S.	Longitude E. G.	Altitude m	g obs. 982...	An. Faye	h roche m	glace m	An. Boug. 0,9—2,67
543B	72°07·3′	147°50′	2223	046,3	+ 0,4	− 560	2783	− 42
543C	07·4′	56′	2226	044,6	− 0,4	− 565	2791	− 42
543D	07·6′	148°03′	2223	043,5	− 2,6	− 595	2818	− 42
543E	07·7′	08′	2217	046,2	− 1,9	− 594	2811	− 41
544	07·8′	12′	2216	047,3	− 1,2	− 580	2796	− 42
544A	72°07·8′	148°20′	2211	048,7	− 1,3	− 579	2790	− 42
544B	07·9′	26′	2208	049,0	− 2,0	− 580	2788	− 42
544C	07·9′	31′	2206	048,5	− 3,1	− 590	2796	− 42
545	08·0′	34′	2199	048,5	− 5,4	− 622	2821	− 42
545A	08·2′	40′	2191	046,6	− 9,9	− 690	2881	− 41
545B	72°08·4′	148°47′	2173	042,3	−20,0	− 835	3008	− 40
545C⊕	08·6′	52′	2163	036,0	−29,5	(−970)	(3133)	− 39
545D	08·8′	58′	2170	024,6	−38,9	−1085	3255	− 40
546	09·0′	149°02′	2170	021,4	−42,3	−1130	3300	− 40
546A	09·2′	09′	2170	021,9	−42,0	−1109	3279	− 41
546B	72°09·4′	149°15′	2170	022,4	−41,7	−1095	3265	− 42
546C	09·6′	21′	2180	016,8	−44,4	−1125	3305	− 43
546D	09·8′	26′	2194	011,7	−45,3	−1110	3304	− 46
546E	10·0′	33′	2201	010,4	−44,6	−1085	3286	− 47
546F	10·2′	40′	2207	009,5	−43,9	−1065	3272	− 48
551	72°15·0′	154°30′	2231	020,4	−29,8	− 570	2801	− 72
551A	15·5′	43′	2239	015,0	−33,1	− 582	2821	− 74
552	16·0′	53′	2237	015,0	−34,2	− 570	2807	− 76
552A	16·1′	155°00′	2238	013,8	−35,2	− 568	2806	− 77
552B	16·3′	10′	2243	010,7	−36,9	− 560	2803	− 80
552C	72°16·4′	155°19′	2247	008,3	−38,2	− 555	2802	− 82
552D	16·5′	30′	2252	010,8	−34,2	− 470	2722	− 84
552E	16·7′	40′	2248	023,0	−23,4	− 300	2548	− 86
552F	16·9′	54′	2261	015,7	−26,9	− 295	2556	− 90
552G	17·1′	156°06′	2258	013,9	−29,8	− 315	2573	− 92
553	72°17·3′	156°22′	2262	016,8	−25,8	− 215	2477	− 95
553A	17·6′	32′	2269	012,0	−28,7	− 240	2509	− 96
553B	17·9′	45′	2272	008,6	−31,5	− 260	2532	− 98
553C	18·1′	54′	2280	006,4	−31,4	− 235	2515	−100
553D	18·4′	157°06′	2279	005,1	−33,2	− 250	2529	−101

⊕ = Les chiffres originaux des deux avant-dernières colonnes semblent erronés (−1130, 3293, d'où An. Boug. = −28) par rapport aux résultats des stations voisines, étant donné la variation de g et des anomalies de Faye.

Les chiffres adoptés ont été calculés en tenant compte des variations des anomalies de Faye et du coefficient d'équivalence (12,9) entre milligal et épaisseur de glace d'après le coefficient utilisé pour les stations voisines.

Stations	Latitude S.	Longitude E. G.	Altitude m	g obs. 982...	An. Faye	h roche m	glace m	An. Boug. 0,9—2,67
553E	72°18·7′	157°16′	2298	*997,0	−35,7	− 255	2553	−103
554	19·0′	27′	2309	*972,5	−57,1	− 520	2829	−106
554A	19·2′	37′	2304	*973,6	−57,7	− 520	2824	−106
554B	19·4′	46′	2303	*985,9	−45,9	− 350	2653	−107
554C	19·5′	51′	2315	*991,2	−37,0	− 215	2530	−108
554D⊕	72°19·7′	158°06′	2322	*996,5	−29,7	− 110	2432	−110
555	20·0′	12′	2328	*998,6	−26,0	− 22	2350	−112
555A	21·0′	24′	2331	005,7	−18,9	+ 85	2246	−113
555B	21·9′	35′	2333	020,9	− 3,8	+ 310	2023	−115
556	22·6′	45′	2331	023,8	− 2,2	+ 340	1991	−115
556A	72°21·0′	159°00′	2327	005,4	−20,4	+ 107	2220	−116
556B	19·5′	15′	2319	048,6	+21,7	+ 691	1628	−117
556C	19·0′	18′	2304	072,0	+40,9	+ 935	1369	−115
556D⊕	18·1′	29′	2265	087,0	+44,6	+ 940	1325	−110
556E	17·2′	40′	2235	059,6	+ 8,7	+ 530	1705	−115
557	72°16·3′	159°49′	2213	087,2	+30,3	+ 750	1463	−109
557A	15·5′	160°04′	2194	116,5	+54,5	+1085	1109	−108
558	15·1′	08′	2198	130,1	+69,7	+1290	908	−109
558A	17·8′	24′	2072	131,2	+29,5	+ 648	1424	− 96
558B	20·2′	36′	2045	161,8	+49,7	+ 914	1131	− 95
558C	72°22·8′	160°50′	1917	220,0	+66,1	+1030	887	− 82
558D	25·0′	161°02′	1761	241,1	+37,2	+ 500	1261	− 66
558E	27·2′	16′	1681†	259,8	+29,3	+(337)	1344	(−59)
558F⊕	30·0′	28′	1652	211,3	−30,6	− 259	1911	(−74)
558G⊕	35·0′	26′	1696	197,1	−35,6	− 259	1955	(−80)
559⊕	72°37·8′	161°32′	1720	195,5	−32,7	− 340	2060	(−73)

* = 981 ... gals

⊕ = Les chiffres originaux des deux avant-dernières colonnes semblent erronés. Ils ont été modifiés de la façon suivante:

554D	−110	2432	−110	au lieu de	−170 m	2492 m	−104 mgal
556D	+940	1325	−110	au lieu de	+870 m	1395 m	−105 mgal
558F	−259	1911	− 74	au lieu de	+259 m	1393 m	−112 mgal
558G	−259	1955	− 80	au lieu de	+259 m	1437 m	−119 mgal
559	−340	2060	− 73	au lieu de	+340 m	1380 m	−123 mgal

† = On a adopté la valeur 1681 m indiquée dans les autres listes du même ouvrage au lieu de 1689 m indiquée dans cette liste. L'élévation de la surface rocheuse a été modifiée en conséquence (337 m au lieu de 345 m).

D) ELLSWORTH OVERSNOW TRAVERSE 1957—1958 *[11. VI—5]*

Station de référence: ELLSWORTH g = 982 924,6 mgal

Les anomalies de Bouguer ont été calculées en tenant compte seulement des masses *au-dessus* du niveau de la mer, supposées de plus d'une *densité unique* (0,4 ou 0,9 . . .). Parmi les 8 densités adoptées dans le texte original, nous n'en avons retenu que 4.

Stations	Latitude S.	Longitude W. G.	Altitude m	g obs. 982...	An. Faye	h roche m	glace m	Anomalies de Bouguer d = 0,4	0,9	2,67	2,80
Ellsworth	77°42′6	41°08′0	42	924,6	−48,4			−49,1	−50,0	−53,1	−53,3
2	47′2	40°53′0	49	926,6	−47,1			−47,9	−49,0	−52,6	−52,9
3	51′0	42′0	49	932,9	−43,2			−44,0	−45,0	−48,7	−48,9
4	54′3	31′0	59	937,8	−37,3			−38,2	−39,5	−43,8	−44,2
5	57′9	20′0	64	942,5	−33,2			−34,3	−35,6	−40,4	−40,7
6	78°01′6	40°09′0	71	945,5	−30,3			−31,5	−33,0	−38,3	−38,7
7	05′2	39°58′0	69	949,7	−29,0			−30,1	−31,6	−36,7	−37,1
8	10′8	51′0	71	958,3	−23,2			−24,3	−25,8	−31,1	−31,5
9	14′0	41′0	75	964,9	=17,3			−18,5	−20,1	−25,6	−26,0
10	16′8	32′0	69	973,1	−12,6			−13,7	−15,2	−20,3	−20,7
11	78°20′6	39°20′0	72	978,5	− 8,5			− 9,7	−11,3	−16,6	−17,0
12	26′8	13′0	72	985,4	− 5,3			− 6,5	− 8,0	−13,4	−13,8
13	21′6	38°56′0	74	975,9	−11,1			−12,4	−13,9	−19,4	−19,8
14	26′9	48′0	79	983,4	− 5,2			− 6,6	− 8,2	−14,1	−14,5
15	30′2	31′0	75	988,7	− 3,1			− 4,4	− 5,9	−11,5	−11,9
16	78°33′1	38°15′0	79	985,6	− 6,7			− 8,0	− 9,7	−15,5	−16,0
17	33′9	37°58′0	80	980,2	−12,3			−13,6	−15,3	−21,2	−21,6
18	33′9	36°51′0	74	978,9	−15,4			−16,6	−18,2	−23,7	−24,1
19	37′9	51′0	72	966,6	−30,7			−31,9	−33,4	−38,7	−39,1
20	41′9	51′0	79	963,9	−33,5			−34,9	−36,5	−42,4	−42,8
21	78°44′7	37°12′0	82	972,7	−25,4			−26,8	−28,5	−34,6	−35,0
22	47′4	34′0	82	982,7	−17,0			−18,4	−20,1	−26,2	−26,6
23	50′2	55′0	80	991,8	−10,1			−11,5	−13,1	−19,1	−19,5
24	53′0	38°16′0	73	999,2	− 6,5			− 7,7	− 9,2	−14,6	−15,0
25	56′6	00′0	83	996,6	− 8,0			− 9,4	−11,2	−17,3	−17,8
26	79°00′1	38°49′0	78	998,2	−10,0			−11,3	−12,9	−18,7	−19,1
27	03′4	39°04′0	87	995,2	−12,1			−13,5	−15,3	−21,8	−22,3
28	06′9	20′0	88	994,6	−14,3			−15,8	−17,6	−24,2	−24,6
29	10′4	36′0	88	995,4	−15,5			−16,9	−18,8	−25,3	−25,8
30	13′9	52′0	82	997,3	−17,4			−18,7	−20,5	−26,5	−27,0
31	79°17′5	40°08′0	82	997,8	−18,9			−20,2	−22,0	−28,0	−28,5
32	21′2	25′0	86	997,5	−20,0			−21,4	−23,2	−29,6	−30,0
33	23′4	43′0	88	995,9	−22,2			−23,6	−25,5	−32,0	−32,5
34	24′5	41°08′0	80	993,3	−27,8			−29,2	−30,8	−36,8	−37,2
35	25′7	32′0	81	993,4	−28,1			−29,4	−31,1	−37,1	−37,6

Stations	Latitude S.	Longitude W. G.	Altitude m	g obs. 982...	An. Faye	h roche m	glace m	Anomalies de Bouguer d=0,4	0,9	2,67	2,80
36	79°26′7	41°56′0	80	995,9	−26,4			−27,8	−29,4	−35,4	−35,8
37	27′8	42°20′0	81	*001,0	−21,6			−23,0	−24,7	−30,7	−31,1
38	29′2	45′0	77	*016,3	− 8,3			− 9,6	−11,2	−16,9	−17,3
39	29′3	52′0	74	*024,0	− 1,6			− 2,8	− 4,4	− 9,9	−10,3
43	22′2	43°33′0	185	*017,1	+29,6			+26,5	+22,7	+ 9,0	+ 8,0
44	79°24′8	43°58′0	451	948,4	+41,6			+34,0	+24,6	− 8,8	−11,3
45	27′7	44°26′0	599	905,6	+42,9			+32,9	+20,3	−24,1	−27,3
46	29′4	29′0	650	892,3	+44,4			+33,5	+19,9	−28,2	−31,8
47	31′0	31′0	695	874,0	+39,1			+27,5	+12,9	−38,6	−42,3
48	34′4	37′0	749	869,3	+49,3			+36,7	+21,0	−34,5	−38,5
49	79°37′8	44°43′0	740	865,9	+41,3			+28,9	+13,4	−41,5	−45,5
50	41′3	49′0	729	867,7	+37,8			+25,6	+10,3	−43,7	−47,7
51	45′0	55′0	715	872,0	+35,8			+23,8	+ 8,9	−44,1	−48,0
52	48′6	01′0	702	879,5	+37,4			+25,6	+11,0	−41,1	−44,9
53	52′0	45°06′0	694	880,5	+34,2			+22,5	+ 8,0	−43,4	−47,2
54	79°56′4	45°16′0	681	879,8	+27,1			+15,7	+ 1,5	−49,0	−52,7
55	80°00′9	29′0	660	884,2	+22,7			+11,7	− 2,1	−51,0	−54,6
56	05′3	40′0	641	891,6	+22,0			+11,3	− 2,1	−49,6	−53,1
57	09′5	50′0	609	902,9	+21,3			+11,1	− 1,7	−46,8	−50,1
58	13′8	46°01′0	570	917,6	+21,8			+12,2	+ 0,3	−41,9	−45,0
59	80°18′0	46°12′0	539	929,4	+21,9			+12,9	+ 1,6	−38,4	−41,3
60	22′6	24′0	468	952,6	+20,9			+13,0	+ 3,2	−31,4	−34,0
61	26′9	34′0	370	977,4	+13,3			+ 7,1	− 0,6	−28,1	−30,1
62	31′2	45′0	273	*001,1	+ 5,0			+ 0,4	− 5,3	−25,6	−27,0
63	35′4	56′0	153	*028,9	− 6,3			− 8,9	−12,1	−23,4	−24,3
64	80°36′4	46°59′0	89	*032,4	−23,1			−24,6	−26,4	−33,0	−33,5
65	37′2	47°02′0	74	*024,1	−36,4			−37,6	−39,2	−44,7	−45,1
66	38′0	04′0	77	*019,0	−41,0			−42,2	−43,9	−49,6	−50,0
67	38′9	07′0	79	*016,4	−43,4			−44,7	−46,3	−52,2	−52,6
68	39′7	09′0	81	*014,6	−44,9			−46,3	−48,0	−54,0	−54,4
69	80°40′5	47°12′0	84	*013,0	−46,0			−47,4	−49,2	−55,4	−55,8
70	42′2	17′0	87	*011,2	−47,7			−49,2	−51,0	−57,4	−57,9
71	43′8	22′0	92	*008,1	−50,0			−51,6	−53,5	−60,3	−60,8
72	48′0	35′0	95	*007,0	−52,2			−53,8	−55,8	−62,8	−63,3
73	52′1	48′0	98	*000,0	−60,2			−61,9	−63,9	−71,2	−71,7
74	80°55′6	47°59′0	96	*015,9	−46,6			−48,2	−50,2	−57,3	−57,9
75	59′7	48°15′0	100	*019,9	−43,3			−45,0	−47,1	−54,5	−55,0
76	81°03′6	31′0	108	*022,5	−40,0			−41,8	−44,1	−52,1	−52,7
77	07′6	47′0	111	*024,3	−39,2			−41,0	−43,3	−51,6	−52,2
78	11′5	49°02′0	107	*024,8	−41,7			−43,5	−45,7	−53,6	−54,2

* = 983 . . . gals

Stations	Latitude S.	Longitude W. G.	Altitude m	g obs. 982...	An. Faye	h roche m	glace m	Anomalies de Bouguer d=0,4	0,9	2,67	2,80
79	81°15′5	49°18′0	105	*026,9	−42,0			−43,8	−46,0	−53,8	−54,3
80	19′3	34′0	96	*030,8	−42,6			−44,2	−46,2	−53,3	−53,9
81	23′6	34′0	89	*036,5	−41,0			−42,5	−44,4	−51,0	−51,4
82	27′5	50′0	90	*038,8	−40,1			−41,6	−43,5	−50,2	−50,7
83	31′7	59′0	89	*037,9	−43,2			−44,7	−46,6	−53,2	−53,6
84	81°35′9	50°09′0	91	*035,3	−47,0			−48,6	−50,5	−57,2	−57,7
85	40′1	18′0	93	*033,1	−50,4			−52,0	−53,9	−60,8	−61,3
86	44′3	27′0	92	*034,6	−51,1			−52,6	−54,5	−61,3	−61,8
87	48′5	37′0	89	*039,1	−49,3			−50,8	−52,6	−59,2	−59,7
88	52′8	47′0	85	*051,5	−39,9			−41,4	−43,1	−49,4	−49,9
89	81°57′1	50°56′0	80	*069,0	−25,8			−27,1	−28,8	−34,7	−35,2
90	82°01′3	51°06′0	139	*060,8	−17,5			−19,9	−22,8	−33,1	−33,8
91	05′7	15′0	215	*051,0	− 5,7			− 9,3	−13,8	−29,7	−30,9
92	10′0	25′0	275	*038,1	− 1,9			− 6,5	−12,2	−32,6	−34,1
93	14′5	37′0	323	*033,9	+ 6,9			+ 1,5	− 5,2	−29,2	−30,9
94	82°19′3	51°51′0	363	*014,8	− 1,8			− 7,8	−15,4	−42,3	−44,3
95	21′6	57′0	390	*003,8	− 5,3			−11,9	−20,0	−48,9	−51,1
96	23′1	04′0	427	994,5	− 4,2			−11,4	−20,3	−51,9	−54,3
97	26′4	52°10′0	473	991,6	+ 6,2			− 1,7	−11,6	−46,7	−49,3
98	28′9	17′0	523	988,1	+17,1			+ 8,4	− 2,6	−41,3	−44,2
99	82°31′0	52°22′0	581	989,1	+35,2			+25,5	+13,3	−29,7	−32,9
100	33′1	28′0	640	978,3	+41,8			+31,1	+17,7	−29,8	−33,2
101	34′2	32′0	661	992,2	+61,7			+50,7	+36,8	−12,1	−15,7
102	25′0	36′0	394	*019,7	+10,4			+ 3,8	− 4,4	−33,6	−35,7
103	21′2	54′0	263	*060,4	+12,2			+ 7,8	+ 2,3	−17,2	−18,6
104	82°17′5	53°12′0	190	*081,2	+12,0			+ 8,8	+ 4,8	− 9,3	−10,3
105	13′8	30′0	124	*088,8	+ 0,7			− 1,4	− 4,0	−13,2	−13,8
106	09′9	48′0	105	*084,4	− 8,0			− 9,7	−11,9	−19,7	−20,3
107	06′1	54°07′0	112	*055,8	−32,9			−34,7	−37,1	−45,4	−46,0
108	02′3	25′0	121	*045,4	−38,9			−40,9	−43,5	−52,4	−53,1
109	81°58′5	54°43′0	129	*039,5	−40,8			−42,9	−45,6	−55,2	−55,9
110	55′0	55°02′0	137	*034,2	−42,1			−44,4	−47,3	−57,4	−58,2
111	51′4	22′0	146	*029,0	−43,0			−45,5	−48,5	−59,3	−60,1
112	47′9	41′0	147	*023,2	−47,0			−49,5	−52,6	−63,5	−64,3
113	44′3	56°01′0	151	*018,0	−49,5			−52,0	−55,1	−66,3	−67,2
114	81°40′8	56°20′0	153	*018,0	−47,3			−49,9	−53,1	−64,4	−65,3
115	37′1	40′0	149	*022,4	−42,6			−45,0	−48,2	−59,2	−60,0
116	33′6	59′0	154	*026,0	−35,9			−38,5	−41,7	−53,1	−53,9
117	30′0	57°19′0	158	*027,7	−31,4			−34,0	−37,3	−49,0	−49,9
118	26′6	38′0	159	*030,6	−26,6			−29,3	−32,6	−44,4	−45,3

* = 983 . . . gals

Stations	Latitude S.	Longitude W. G.	Altitude m	g obs. 983...	An. Faye	h roche m	glace m	Anomalies de Bouguer			
								d = 0,4	0,9	2,67	2,80
119	81°23′0	57°57′0	151	034,5	−23,6			−26,1	−29,3	−40,5	−41,3
120	19′5	58°16′0	151	026,5	−30,0			−32,6	−35,7	−46,9	−47,7
121	16′1	35′0	149	025,0	−30,6			−33,1	−36,2	−47,3	−48,1
122	12′6	54′0	145	025,0	−30,3			−32,7	−35,7	−46,5	−47,3
123	09′1	59°13′0	141	029,1	−25,8			−28,2	−31,1	−41,6	−42,3
124	81°05′4	59°33′0	137	036,6	−17,8			−20,1	−23,0	−33,1	−33,9
125	02′1	51′0	131	037,6	−17,1			−19,3	−22,1	−31,8	−32,5
126	80°58′6	60°09′0	127	040,0	−14,3			−16,5	−19,1	−28,5	−29,2
127	58′0	38′0	112	042,3	−16,4			−18,3	−20,6	−28,9	−29,5
128	56′9	58′0	144	037,4	−10,9			−13,3	−16,3	−27,0	−27,8
129	80°55′4	61°08′0	177	033,5	− 3,9			− 6,9	−10,6	−23,7	−24,7
130	53′9	18′0	196	029,6	− 1,2			− 4,5	− 8,6	−23,1	−24,2
131	50′6	38′0	200	027,7	− 0,3			− 3,7	− 7,9	−22,7	−23,8
132	47′5	58′0	227	018,3	+ 0,1			− 3,7	− 8,5	−25,3	−26,5
133	44′3	62°19′0	224	014,2	− 3,4			− 7,2	−11,9	−28,5	−29,7
134	80°40′1	62°30′0	210	015,4	− 4,5			− 8,0	−12,4	−28,0	−29,1
135	36′4	40′0	197	020,6	− 1,5			− 4,8	− 9,0	−23,6	−24,6
136	32′0	52′0	168	030,2	+ 1,3			− 1,6	− 5,1	−17,5	−18,4
137	28′9	63°00′0	103	048,7	+ 1,2			− 0,5	− 2,7	−10,3	−10,9
138	28′1	02′0	77	055,0	− 0,1			− 1,4	− 3,0	− 8,7	− 9,1
139	80°27′4	63°04′0	76	056,1	+ 1,0			− 0,2	− 1,8	− 7,5	− 7,9
140	24′1	12′0	78	059,1	+ 6,3			+ 5,0	+ 3,3	− 2,4	− 2,9
141	19′9	23′0	78	060,9	+10,2			+ 8,9	+ 7,2	+ 1,5	+ 1,0
142	15′8	34′0	81	060,4	+12,7			+11,3	+ 9,6	+ 3,6	+ 3,2
143	11′7	45′0	78	059,0	+12,4			+11,1	+ 9,5	+ 3,7	+ 3,3
144	80°07′2	63°56′0	75	058,6	+13,4			+12,1	+10,5	+ 5,0	+ 4,6
145	03′0	64°02′0	78	053,9	+11,7			+10,4	+ 8,8	+ 3,0	+ 2,6
146	79°58′7	17′0	82	048,7	+10,0			+ 8,6	+ 6,9	+ 0,8	+ 0,4
147	54′3	27′0	82	046,0	+ 9,6			+ 8,2	+ 6,5	+ 0,4	
148	50′3	38′0	79	044,2	+ 9,0			+ 7,6	+ 6,0	+ 0,1	− 0,3
149	79°46′0	64°48′0	77	040,1	+ 6,5			+ 5,2	+ 3,6	− 2,1	− 2,5
150	41′7	58′0	77	036,8	+ 5,5			+ 4,2	+ 2,6	− 3,1	− 3,5
151	37′4	65°09′0	77	032,7	+ 3,7			+ 2,4	+ 0,8	− 4,9	− 5,3
152	33′1	20′0	77	028,4	+ 1,7			+ 0,4	− 1,2	− 6,9	− 7,3
153	28′8	30′0	77	023,1	− 1,3			− 2,6	− 4,2	− 9,9	−10,3
154	79°30′0	65°00′0	75	028,2	+ 2,5			+ 1,3	− 0,3	− 5,8	− 6,2
155	26′1	12′0	73	021,9	− 2,3			− 3,5	− 5,0	−10,4	−10,8
156	22′1	25′0	74	014,3	− 7,4			− 8,6	−10,2	−15,6	−16,0
157	18′2	37′0	79	006,3	−11,7			−13,0	−14,7	−20,5	−20,9
158	14′4	49′0	77	001,9	−14,6			−15,9	−17,5	−23,2	−23,6

Stations	Latitude S.	Longitude W. G.	Altitude m	g obs. 982...	An. Faye	h roche m	glace m	Anomalies de Bouguer d = 0,4	0,9	2,67	2,80
159	79°11′5	66°01′0	69	999,3	−18,1			−19,2	−20,7	−25,8	−26,1
160	06′5	14′0	66	997,1	−18,4			−19,5	−20,9	−25,8	−26,1
161	02′6	26′0	63	996,2	−18,0			−19,1	−20,4	−25,1	−25,4
162	78°58′7	38′0	64	994,7	−17,0			−18,1	−19,4	−24,2	−24,5
163	54′0	52′0	68	992,8	−15,0			−16,1	−17,6	−22,6	−23,0
164	78°49′5	67°05′0	62	992,0	−15,1			−16,1	−17,4	−22,0	−22,3
165	44′7	18′0	58	992,8	−12,7			−13,7	−14,9	−19,2	−19,5
166	44′7	31′0	54	998,3	− 8,5			− 9,4	−10,5	−14,5	−14,8
167	47′6	33′0	60	995,5	−11,1			−12,1	−13,4	−17,8	−18,1
168	52′4	47′0	66	997,2	−10,3			−11,4	−12,8	−17,7	−18,0
169	78°54′8	68°01′0	82	998,8	− 5,1			− 6,5	− 8,2	−14,3	−14,7
170	53′3	10′0	98	999,0	+ 0,9			− 0,8	− 2,8	−10,1	−10,6
171	52′1	19′0	214	979,1	+17,4			+13,9	+ 9,4	− 6,5	− 7,6
172	50′6	26′0	334	948,1	+24,3			+18,7	+11,8	−13,0	−14,8
173	49′2	37′0	400	929,9	+27,3			+20,6	+12,2	−17,4	−19,6
174	78°44′9	68°43′0	392	933,8	+31,2			+24,7	+16,4	−12,6	−14,7
175	43′5	45′0	350	944,1	+29,4			+23,5	+16,2	− 9,8	−11,7
176	41′2	49′0	261	964,2	+23,3			+19,0	+13,5	− 5,8	− 7,3
177	38′1	51′0	137	993,8	+16,5			+14,2	+11,3	+ 1,2	+ 0,4
178	37′5	54′0	86	982,4	−10,3			−11,8	−13,6	−19,9	−20,4
179	78°37′7	68°36′0	241	965,4	+20,4			+16,4	+11,3	− 6,5	− 7,8
180	36′3	12′0	223	969,7	+20,0			+16,2	+11,6	− 5,0	− 6,2
181	42′6	10′0	347	935,0	+19,9			+14,1	+ 6,8	−18,9	−20,8
182	45′3	09′0	258	958,7	+14,5			+10,2	+ 4,8	−14,3	−15,7
183	48′5	16′0	238	966,6	+14,4			+10,4	+ 5,5	−12,2	−13,5
184	80°12′4	63°19′0	74	*052,8	+ 4,6			+ 3,4	+ 1,8	− 3,7	− 4,1
185	13′1	62°53′0	66	*045,3	− 5,7			− 6,8	− 8,2	−13,1	−13,4
186	13′8	26′0	57	*039,7	−14,4			−15,4	−16,6	−20,8	−21,1
187	14′5	01′0	57	*036,4	−18,1			−19,0	−20,2	−24,5	−24,8
188	15′2	61°34′0	54	*036,9	−18,9			−19,8	−20,9	−24,9	−25,2
189	80°16′1	61°01′0	111	*024,6	−14,0			−15,9	−18,2	−26,4	−27,0
190	16′5	60°47′0	146	*016,3	−11,7			−14,2	−17,2	−28,1	−28,8
191	17′0	28′0	162	*015,2	− 8,1			−10,9	−14,3	−26,3	−27,1
192	15′6	09′0	100	*035,3	− 6,5			− 8,2	−10,2	−17,7	−18,2
193	14′9	59°57′0	60	*048,2	− 5,6			− 6,6	− 7,8	−12,3	−12,6
194	80°18′8	60°04′0	81	*042,1	− 7,1			− 8,5	−10,2	−16,2	−16,6
195	24′1	08′0	79	*043,6	− 8,9			−10,2	−11,9	−17,7	−18,2
196	29′0	14′0	89	*045,0	− 6,8			− 8,3	−10,2	−16,8	−17,3
197	34′2	19′0	98	*046,4	− 5,2			− 6,9	− 8,9	−16,2	−16,7
198	39′2	20′0	101	*047,2	− 5,9			− 7,6	− 9,7	−17,2	−17,8

* = 983 . . . gals

Stations	Latitude S.	Longitude W. G.	Altitude m	g obs. 983...	An. Faye	h roche m	glace m	Anomalies de Bouguer d = 0,4	0,9	2,67	2,80
199	80°44′3	60°30′0	106	049,7	− 4,3			− 6,1	− 8,3	−16,2	−16,8
200	48′3	34′0	129	047,1	− 1,8			− 3,9	− 6,6	−16,2	−16,9
201	52′6	37′0	133	044,1	− 5,6			− 7,8	−10,6	−20,4	−21,2
202	56′9	39′0	136	041,3	− 9,5			−11,7	−14,6	−24,7	−25,4
203	57′3	59°48′0	157	032,3	−12,2			−14,8	−18,1	−29,7	−30,6
204	80°57′9	59°37′0	107	034,4	−25,8			−27,6	−29,8	−37,7	−38,3
205	56′0	58°14′0	112	031,4	−26,4			−28,2	−30,6	−38,9	−39,5
206	54′0	54′0	112	029,1	−27,7			−29,6	−31,9	−40,2	−40,8
207	52′2	46′0	107	027,4	−30,1			−31,9	−34,1	−42,1	−42,6
208	47′7	30′0	106	024,2	−31,5			−33,2	−35,5	−43,4	−43,9
209	80°43′0	58°21′0	110	024,0	−28,2			−30,0	−32,3	−40,5	−41,1
210	38′2	17′0	105	025,7	−25,7			−27,5	−29,7	−37,4	−38,0
211	34′3	19′0	100	027,1	−24,0			−25,6	−27,7	−35,1	−35,7
212	30′4	21′0	97	029,0	−21,1			−22,7	−24,7	−31,9	−32,4
213	27′3	13′0	92	028,5	−21,6			−23,1	−25,0	−31,9	−32,4
214	80°23′2	58°07′0	85	028,8	−21,4			−22,8	−24,6	−30,9	−31,4
215	26′0	57°56′0	88	029,4	−21,3			−22,7	−24,6	−31,1	−31,6
216	24′4	40′0	100	027,3	−18,9			−20,6	−22,6	−30,1	−30,6
217	21′4	18′0	96	022,2	−23,7			−25,3	−27,3	−34,4	−35,0
218	18′3	56°57′0	89	016,6	−29,9			−31,4	−33,3	−39,9	−40,4
219	80°15′4	56°32′0	86	012,9	−33,1			−34,5	−36,3	−42,7	−43,2
220	12′8	07′0	84	011,1	−34,2			−35,6	−37,4	−43,6	−44,0
221	10′4	55°43′0	81	008,6	−36,4			−37,8	−39,5	−45,5	−45,9
222	07′7	20′0	79	007,6	−36,7			−38,0	−39,6	−45,5	−45,9
223	05′1	56′0	74	007,5	−37,0			−38,2	−39,8	−45,2	−45,6
224	02′6	32′0	73	009,1	−34,4			−35,6	−37,1	−42,5	−42,9

(III) EXPEDITION FRANCAISE 1958 – 1959

Station de référence: POINTE GEOLOGIE, TA 1 g = 982 404,6 mgal *[22]*

a) **TERRE ADELIE,** réseau côtier, stations sur points rocheux.

Le tableau de la publication originale comprend quelques précisions géographiques (telles que « roches, moraine, nunatak », nom de l'île . . .) qui n'ont pas été reproduites ci-dessous. Ces stations se trouvant sur points rocheux et à faible altitude, les anomalies de Bouguer ont été reportées à 0,1 mgal près et avec la densité adoptée par l'observateur (2,75).

Stations	Latitude S.	Longitude E. G.	Altitude m	g obs. 982...	An. Faye	h roche m	glace m	An. Boug. 2,75
1 H1	66°37′25″	139°43′55″	8,6	413,5	+12,2			+11,2
2	37′35	44′07	7,0	413,7	+11,7			+10,9
3 F3	37′27	50′16	15,6	411,6	+12,3			+10,5
4 H3	37′47	44′22	21,1	409,9	+12,0			+ 9,6
5 G51	36′37	140°04′08	9,1	410,7	+10,5			+ 9,4
6 G40	66°36′19	140°04′17	18,7	408,4	+11,5			+ 9,3
7 G50	36′53	04′01	8,2	410,7	+ 9,8			+ 8,8
8 G41	37′03	04′38	15,7	409,3	+10,6			+ 8,8
9	38′06	139°50′06	12,3	411,0	+10,1			+ 8,7
10 F1, P13	38′13	49′53	25,0	408,5	+11,4			+ 8,5
111 G49	66°37′03	140°04′05	9,9	410,3	+ 9,6			+ 8,5
12 G47	37′14	04′01	9,7	410,4	+ 9,6			+ 8,4
13 G44	36′42	04′53	16,2	408,5	+10,3			+ 8,4
14 G48	37′06	04′03	12,5	409,6	+ 9,8			+ 8,3
15 G46	37′14	04′12	10,4	410,1	+ 9,5			+ 8,3
16 G53	66°36′48	140°05′45	14,5	407,9	+ 9,1			+ 7,4
17 G56	37′18	04′33	(17)	407,6	+ 9,0			+ 7,0
18	38′53	139°58′00	11,0	409,5	+ 7,3			+ 6,0
19 G21	39′31	58′55	13,6	408,9	+ 6,8			+ 5,2
20 G33, P12	40′25	50′49	8,5	410,9	+ 6,2			+ 5,2
21	66°40′28	139°50′51	(21)	408,4	+ 7,5			+ 5,1
22	39′13	58′00	13,0	408,5	+ 6,6			+ 5,1
23	38′56	140°00′40	(3)	409,9	+ 5,1			+ 4,8
24 P20	40′32	139°50′37	37,6	404,0	+ 8,2			+ 3,9
25	39′52	57′20	10,5	407,9	+ 4,9			+ 3,7
26 G20, P6	66°39′38	139°59′36	13,5	407,5	+ 5,3			+ 3,7
27 G54	37′27	140°05′53	21,6	403,3	+ 5,9			+ 3,4
28 G19	39′53	139°59′09	19,5	405,9	+ 5,2			+ 3,0
29 G31	40′52	53′36	11,3	408,5	+ 4,2			+ 2,9
30	39′28	140°00′36	(15)	406,2	+ 4,5			+ 2,8

(17) = altitude estimée au mieux

Stations	Latitude S.	Longitude E. G.	Altitude m	g obs. 982...	An. Faye	h roche m	glace m	An. Boug. 2,75
31	66°39′6	140°00′3	(5)	408,2	+3,3			+2,8
32 G55	37′55″	05′04″	13,5	404,4	+4,1			+2,5
33 G18	39′53	139°59′42	11,8	406,9	+3,8			+2,4
34	40′08	56′59	15,4	406,2	+4,1			+2,3
35 G30	40′57	54′54	10,5	408,0	+3,4			+2,2
36 G27	66°40′16	139°58′14	13,3	406,3	+3,3			+1,8
37 G25	40′22	57′26	15,9	405,9	+3,6			+1,8
38 G24, P8	40′17	57′05	25,6	403,6	+4,4			+1,5
39 G42	38′41	140°03′04	11,6	404,7	+2,9			+1,5
40 G32	40′53	139°55′52	12,3	406,8	+2,8			+1,4
41	66°41′12	139°54′42	28,9	403,8	+4,6			+1,2
42	39′5	140°01′2	10,4	405,5	+2,4			+1,2
43	39′41	00′57	(5)	406,6	+1,8			+1,1
44	39′36	01′09	5,1	406,4	+1,6			+1,0
45 vois. G1	39′46	00′31	41,8	399,3	+5,6			+0,7
46	66°39′41	140°01′09	7,0	405,8	+1,4			+0,6
47 G4	39′31	00′49	34,3	400,1	+4,4			+0,5
48	39′48	01′05	(5)	406,1	+1,1			+0,5
49 G23	41′16	139°54′58	31,7	402,3	+3,8			+0,2
50 ⊕	39′53	140°00′27	(28)	401,4	+3,5			+0,2
51 P9	66°40′5	139°59′2	3,6	406,8	+0,5			+0,1
52 G28	41′26	55′15	9,1	406,6	+1,0			0,0
53	40′04	140°00′26	9,2	405,1	+1,1			0,0
54 TA 1*	39′59	00′44	11,0	404,6	+1,2			−0,1
55 P1(Belv)	39′48	00′48	41,6	398,5	+4,7			−0,1
56 R	66°40′08	140°00′29	5,6	405,4	+0,2			−0,4
57	40′15	00′17	7,0	405,0	+0,1			−0,7
58	39′56	01′04	(3)	405,3	−0,4			−0,8
59 G29	41′24	139°55′51	9,9	405,4	−0,0			−1,1
60	39′0	140°03′0	9,5	402,7	0,0			−1,1
61 G8	66°39′46	140°01′22	21,7	400,6	+0,7			−1,8
62	40′01	01′12	(4)	403,6	−1,9			−2,4
63 G15	40′13	00′44	27,7	398,5	+0,1			−3,1
64 G9	39′49	01′30	31,6	396,7	−0,1			−3,8
65	38′24	05′06	(4)	399,2	−4,6			−5,1
66 G13	66°40′08	140°01′08	35,9	394,8	−1,0			−5,2
67 G7 près P7	39′44	01′46	47,1	391,9	0,0			−5,5
68 G12	39′59	01′36	21,7	396,2	−3,9			−6,4
69	40′16	01′30	(2)	398,3	−8,2			−8,4
70 G17	40′24	01′04	25,4	393,8	−5,6			−8,5
71 G16	66°40′22	140°01′10	28,0	393,2	−5,3			−8,6

⊕ = Station Dumont Durville — tablette } voir Chap. I
* = Point fondamental }

b) TERRE ADELIE — *Calotte glaciaire*

Dans la publication originale, les anomalies de Bouguer ont été calculées pour les stations séismiques en adoptant pour densité de la glace 0,92 et pour densité de la terre 2,75. Les anomalies publiées ci-dessous (avec les densités 0,9 et 2,67) diffèrent au maximum de 3 mgal des résultats originaux.

* sondages séismiques

Stations	Latitude S.	Longitude E. G.	Altitude m	g obs. 982...	An. Faye	h roche m	glace m	An. Boug. 0,9—2,67
1	66°41′6	139°51′6	245	358,4	+25,4	+196	49	+ 2
1bis	42′1	49·2	255	342,4	+11,9	+ 7	248	+ 2
1ter	42′8	45′0	(375)	305,3	+11,1	− 76	451	+ 3
2	43′3	42′5	426	285,1	+ 6,1	−177	603	+ 3
*3	44′2	39′5	506	262,8	+ 7,5	−208	714	+ 4
4	66°44′9	139°36′8	576	247,3	+12,7	−147	723	+ 2
5	45′7	33′3	628	227,8	+ 8,4	−189	817	− 1
5bis	46′4	31′3	660	220,7	+10,4	−151	811	− 3
*7	48′0	25′0	749	186,8	+ 2,2	−238	987	− 8
8	49′0	20′8	804	177,7	+ 9,0	−142	946	−11
9	66°49′7	139°18′2	844	164,4	+ 7,2	−161	1005	−13
*10 (Carrefour)	50′0	15′	872	156,5	+ 7,6	−143	1015	−15
10bis	52′8	15′	941	147,6	+16,9	− 40	981	−16
11bis	56′6	16′	1021	129,9	+19,8	− 9	1030	−18
11ter	58′4	16′	1064	120,3	+21,5	+ 9	1055	−19
*12	67°00′4	139°16′	1111	112,4	+25,9	+ 61	1050	−20
12A	02′4	16′	1176	104,6	+36,1	+159	1017	−20
12bis	04′3	16′	1210	095,3	+35,2	+126	1084	−20
13	05′8	16′	1210	090,5	+28,7	+ 40	1170	−20
13bis	08′5	16′	1268	080,2	+33,4	+ 69	1199	−19
14	67°11′0	139°17′	1310	075,9	+39,3	+121	1189	−19
14A	12′3	17′	1352	068,4	+43,4	+152	1200	−19
14bis	13′5	17′	1379	059,9	+41,9	+118	1261	−19
*15	16′0	17′	1387	056,8	+38,6	+ 67	1320	−18
15A	17′0	17′	(1430)	052,1	+46,1	+133	1297	−18
15bis	67°18′6	139°17′	1455	042,2	+42,1	+ 58	1397	−17
15ter	19′9	17′	1481	034,6	+41,1	+ 23	1458	−16
*16	21′0	17′	1483	030,4	+36,5	− 52	1535	−16
16bis	23′7	17′	1497	025,7	+33,2	− 47	1544	−20
*17	26′4	17′	1526	022,5	+36,0	+ 29	1497	−24

Stations	Latitude S.	Longitude E. G.	Altitude m	g obs. 981...	An. Faye	h roche m	glace m	An. Boug. 0,9—2,67
17bis	67°28′9	139°17′	1568	⊕012,1	+35,9	− 79	1647	−17
*18 (Inter)	31′5	17′	1612	⊕001,8	+36,4	−180	1792	−11
18bis	34·2	18′	1618	999,6	+33,2	−119	1737	−19
18ter	35′8	18′	1630	996,5	+32,0	− 88	1718	−23
*19	36′8	18′	1672	996,7	+44,1	+103	1569	−26
19bis	67°39′3	139°18′	1691	991,1	+41,8	+ 56	1635	−26
*20	42′0	18′	1738	985,3	+47,6	+105	1633	−26
20bis	44′5	18′	1750	981,8	+45,1	+113	1637	−29
Toupa	46′7	18′	(1778)	971,2	+40,8	+ 92	1686	−33
21	47′0	18′	1783	970,3	+41,2	+ 95	1688	−33
21bis	67°49′6	139°18′	1803	959,9	+34,1	+ 43	1760	−37
21ter	51′0	19′	(1817)	954,6	+31,8	+ 27	1790	−39
22	52′3	19′	1829	947,3	+26,8	− 19	1848	−41
22bis	55′0	19′	1828	938,2	+14,6	−129	1957	−45
*23	57′6	19′	1855	935,9	+17,8	− 60	1915	−48
23bis	68°00′0	139°19′	1851	934,9	+13,0	−181	2032	−43
24	02′8	19′	1909	928,2	+21,3	−159	2068	−39
24bis	05′4	20′	1921	916,9	+11,0	−359	2280	−35
*25	08′1	20′	1914	909,6	− 1,3	−576	2490	−31
*26 (Relais)	10′0	20	1931	909,0	+ 1,3	−402	2333	−42
26A	68°11′3	139°20′	(1926)	915,7	+ 5,2	−260	2186	−48
26bis	12′7	20′	1921	924,8	+11,2	− 90	2011	−54
*27	15′1	19′	1937	933,7	+22,6	+231	1706	−67
27bis	17′8	18′	1952	943,9	+34,6	+403	1549	−69
*27ter	18′6	17′	1994	936,1	+38,9	+458	1536	−70
28	68°20′3	139°18′	2011	935,3	+41,7	+388	1623	−63
28bis	23′0	17′	2013	949,1	+53,3	+440	1573	−55
*29	25′4	16′	2028	948,9	+55,2	+361	1667	−48
29bis	28′0	15′	2059	939,9	+53,1	+313	1746	−48
29ter	29′2	15′	(2084)	927,2	+46,9	+218	1866	−48
30	68°30′5	139°15′	2102	915,4	+39,3	+107	1995	−48
30 A	31′9	15′	(2110)	902,6	+27,5	− 54	2164	−48
30bis	33′2	14′	2117	897,6	+23,3	−114	2231	−48
*31	35′7	13′	2139	889,9	+19,9	−177	2316	−48
31bis	38′4	13′	2154	891,3	+23,1	−125	2279	−49
32	68°41′0	139°12′	2167	898,4	+31,5	− 8	2175	−50
32bis	43′5	12′	2180	892,6	+27,2	− 56	2236	−51
*33	46′2	11′	2200	896,2	+35,3	+ 55	2145	−52
33bis	48′7	10′	2207	893,8	+31,4	+ 47	2160	−56
34	51′1	09′	2220	897,2	+36,3	+153	2067	−59

⊕ = 982... gals

Stations	Latitude S.	Longitude E. G.	Altitude m	g obs. 981...	An. Faye	h roche m	glace m	An. Boug. 0,9—2,67
34 bis	68°53′8	139°08′	2244	898,7	+42,5	+268	1976	−62
*35	56′4	08′	2265	902,7	+50,4	+395	1870	−64
35bis	59′0	07′	(2277)	906,0	+54,7	+417	1860	−62
35ter	69°00′0	07′	(2315)	892,6	+52,0	+284	2031	−56
36	01′6	07′	2326	881,7	+43,9	+138	2188	−54
36 A	69°03′0	139°07′	2339	865,8	+29,6	− 90	2429	−52
36bis	04′2	06′	2348	856,5	+21,9	−217	2565	−50
*37	06′8	05′	2351	850,8	+14,5	−403	2754	−44
37bis	09′4	05′	2355	848,1	+10,5	−467	2822	−44
38	12′0	04′	2360	851,5	+12,8	−447	2807	−43
38bis	69°14′5	139°03′	2374	851,6	+14,7	−439	2813	−42
39	17′1	03′	2381	851,2	+13,9	−463	2844	−41
39bis	19′6	02′	2387	851,2	+13,3	−484	2871	−41
*40 (Charcot)	22′5	01′	2401	850,6	+14,1	−489	2890	−40
40 bis	25′0	02′	2414	845,5	+10,5	−501	2915	−43
41	69°27′7	139°02′	2424	840,1	+ 5,5	−532	2956	−46
41bis	30′1	02′	2427	842,6	+ 6,5	−480	2907	−49
42	32′8	02′	2432	852,5	+15,3	−328	2760	−52
42bis	35′3	03′	2447	853,9	+18,9	−250	2697	−55
*43	37′9	03′	2461	848,2	+14,9	−262	2723	−58
43bis	69°40′4	139°03′	2477	842,7	+11,9	−293	2770	−60
44	43′0	03′	2477	838,4	+ 5,0	−367	2844	−61
44bis	45′5	04′	2484	836,8	+ 3,1	−378	2862	−62
45	48′1	04′	2480	849,9	+12,4	−240	2720	−63
45bis	50′5	04′	(2494)	871,1	+35,6	+ 72	2422	−64
*46	69°53′0	139°05′	2509	860,5	+27,2	− 29	2538	−65
46bis	55′6	05′	2515	863,5	+29,5	+ 7	2508	−66
47	58′2	05′	2519	866,2	+31,0	+ 35	2484	−66
47bis	70°00′6	06′	2521	873,6	+36,6	+115	2406	−67
*48	03′2	06′	2529	883,8	+46,7	+255	2274	−67
48bis	70°05′8	139°07′	2540	885,2	+49,0	+290	2250	−68
49	08′4	07′	2547	893,7	+57,2	+402	2145	−68
49bis	11′0	07′	2550	892,7	+54,6	+377	2173	−69
50	13′4	07′	2551	896,3	+56,2	+407	2144	−70
50bis	15′9	08′	2546	888,3	+44,3	+265	2281	−71
*51	70°18′4	139°08′	2547	886,4	+40,3	+222	2325	−72
51bis	20′8	08′	2544	893,7	+44,4	+317	2227	−75
52	23′4	08′	2545	900,5	+49,0	+416	2129	−78
52bis	26′1	09′	2541	901,5	+46,1	+422	2119	−81
53	28′5	09′	2532	891,5	+31,1	+282	2250	−85

Stations	Latitude S.	Longitude E. G.	Altitude m	g obs. 981...	An. Faye	h roche m	glace m	An. Boug. 0,9—2,67
53bis	70°31′0	139°10′	2536	874,3	+12,8	+ 83	2453	— 89
* 54	33′7	10′	2525	873,3	+ 5,8	+ 38	2487	— 92
54bis	36′2	10′	2519	870,8	— 0,9	— 71	2590	— 90
55	38′6	11′	2521	870,5	— 2,8	—122	2643	— 89
55bis	41′3	11′	2515	869,0	— 8,8	—221	2736	— 87
56	70°43′7	139°12′	2518	863,1	—15,9	—339	2857	— 86
* 57 (Antipode)	47′0	12′	2511	859,6	—24,7	—481	2992	— 84
Boite	49′0	12′	(2518)	854,7	—29,3	—507	3025	— 86
57bis	49′5	12′	2521	853,0	—30,6	—511	3032	— 88
58	52′2	12′	2523	846,9	—38,6	—564	3087	— 92
58bis	70°54′7	139°12′	2511	843,1	—48,4	—633	3144	— 96
59	57′4	12′	2516	841,6	—51,0	—616	3132	—100
59bis	59′7	12′	2519	845,4	—48,3	—532	3051	—104
60	71°02′4	12′	2522	853,8	—41,5	—393	2915	—107
60A	03′8	12′	2517	864,7	—33,5	—260	2777	—109
60 bis	71°05′1	139°12′	2523	881,2	—16,3	— 14	2537	—110
60ter	06′4	12′	(2516)	896,8	— 4,2	+174	2342	—112
* 61(Terme Sud)	07′85	12′	2510	903,3	— 0,7	+250	2260	—114

(IV) EXPEDITIONS JAPONAISES (J.A.R.E.)

Station de référence: SYOWA g = 982 540,1 mgal *[25]*

a) Mesures dans „Ongul Islands''

Stations	Latitude S.	Longitude E. G.	Altitude m	g obs. 982...	An. Faye	h roche m	glace m	An. Boug. 2,67
SYOWA	69°00'4	39°35'4	29,2	540,1	− 5,8			− 9,1
1	00'6	35'2	43,4	537,0	− 4,7			− 9,6
4	01'1	35'6	35,4	537,7	− 7,0			−10,9
5	00'4	36'8	41,2	534,0	− 8,2			−12,8
6	00'7	36'5	40,7	535,5	− 7,1			−11,7
7	01'0	32'6	40,3	540,1	− 3,0			− 7,5

b) Mesures dans „Lützow-Holm Bay'' sur des packs très serrés dont l'épaisseur ne dépassait pas quelques mètres.

La précision des valeurs de g est de 5 à 10 mgal.

	Stations	Latitude S.	Longitude E. G.	Altitude m	g obs. 982...	An. Faye*	h roche m	glace m	An. Boug. 2,67⊕
2ème expédition Jan-Fév. 1958	8	67°04'	40°50'	négligeable	460	+27	−3875		+293
	9	45'	39°12'		529	+52	−3280		+278
	10	51'5	37°43'5		535	+51	−3395		+284
	11	56'7	07'8		572	+83	−1975		+219
	12	68°00'5	36°39'0		572	+79	−2360		+241
	13	68°03'4	35°30'0		564	+68	−1690		+184
	14	27'0	32°18'5		591	+70	− 375		+ 96
	15	19'9	31°50'0		577	+64	− 510		+ 99
	16	32'0	36°30'0		578	+52	− 885		+113
3ème expédition Jan-Fév. 1959	17	65°41'	51°31'		434	+93	−2500		+265
	18	67°24'	40°02'		501	+46	−2780		+237
	19	28'3	08'0		533	+74	−2750		+263
	20	31'	11'		545	+83	−3300		+310
	21	33'	27'		538	+74	−3120		+288
	22	67°43'	40°05'		555	+80	−2025		+219
	23	52'	38°50'		542	+58	−3265		+282

* = Les anomalies ont été calculées sans tenir compte de la hauteur du gravimètre au-dessus du niveau de la mer.

⊕ = Dans la publication russe *(35)*, ces anomalies ont été calculées en comblant les mers avec une terre de densité 2,8 (au lieu de 2,67 adoptée ici), l'écart est de 20 mgal pour les fonds les plus bas.

(V) EXPEDITIONS NEO-ZELANDAISES

Station de Référence: SCOTT BASE, seismic hut   g = 982 989,1 mgal

a) Ross Dependency, stations isolées principales *[26, p. 118]*

Les anomalies de Bouguer n'ont été calculées que pour les stations situées sur (ou près) terrain rocheux.

Stations	Latitude S.	Longitude E. G.	Altitude m	g obs. 982...	An. Faye	h roche m	glace m	An. Boug. 2,67
SCOTT BASE	77°51′	166°47′	33	989	+ 8			+ 5
RD2	78°48′	168°14′	34± 15	*008	− 6			
Hallett st.	72°19′	170°13′	3,3±0,5	706	− 35			
RD5	77°34′	166°08′	12± 3	971	− (6)			(− 7)†
RD6	79°57′	161°06′	60± 15	915	−129			
RD7	76°50′	159°26′	2200±100	387	+114			
RD8	79°55′	170°20′	60± 15	*050	+ 7			
RD9	80°37′	10′	60± 15	*062	− 3			
RD10	81°13′	45′	60± 15	*053	− 29			
RD11	77°48′	160°10′	2200±100	405	+ 94			
RD13	77°41′	166°21′	0	988	+ 2			+ 2
Cape Evans	38′	24′	5± 2	983	+ 1			+ 1
RD15	76°12′	168°15′	2	959	+ 33			+ 33
RD16	77°01′	162°36′	6	879	− 78			− 79
RD21	79°01′	161°56′	75± 10	*007	− 3			− 12
RD56	78°25′	161°40′	645± 20	750	− 61			−132
RD65	19′5	20′	1080± 20	(669)	(− 6)ˣ			(−126)ˣ
RD92	02′	158°25′	2370± 30	330	+ 63			
RD93	77°54′	165°02′	2	995	+ 2			+ 2
RD94	54′	164°35′	15± 5	*002				+ 12
RD95	⊕78°03′	167°45′	90± 15	*033	+ 60			+ 50
Marble Point	77°25′	163°42′	70± 5	951	− 2			− 10
RD97	32′	160°56′	750± 50	710	− 40			−124

* = 983... gals

⊕ = Correction apportée au texte original qui portait 77°, correction confirmée par la carte originale.

† = Modification au texte original qui portait − 1.

ˣ = La valeur originale de l'anomalie de Bouguer (−136) a été modifiée pour tenir compte de g observé et de l'altitude de la station, mais une incertitude demeure.

b) „Wright Valley", Victoria Land, réseau de détail. *[27]*

Les anomalies de Bouguer ont été calculées dans l'ensemble en adoptant pour la densité des masses comprises entre la surface et le niveau de la mer 2,67.

Pour les stations sur glaciers (†) on a considéré l'épaisseur de glace (densité 0,9) comme le montre la carte 2 de la publication *(27)*. Pour les stations sur la glace du Lake Vanda (*) on a envisagé une correction supplémentaire destinée à combler le déficit de masse du lac par des masses de densité (2,67-eau).

Ces anomalies comprennent en outre des corrections de relief (c_t) évaluées approximativement.

Stations	Latitude S.	Longitude E. G.	Altitude m	g obs. 982...	An. Faye	h roche m	C_t	An. Boug. 0,9—2,67
Marble Point	77°25'0	163°42'0	68·9	951,2	− 2,6		0	−10
1	27'5	43'6	2	963,2	−12,6		0	−12
2	27'5	42'2	38	955,8	− 8,9		0	−13
3	27'4	41'0	75	946,7	− 6,5		0	−15
4	27'3	39'8	104	941,6	− 2,5		2	−12
5 †	77°27'3	163°38'5	229	904,6	− 0,9		2	−17
6 †	27'3	37'4	280	888,4	− 1,4		1	−21
7 †	27'2	36'3	320	876,3	− 1,2		0	−23
8 †	27'2	35'1	344	868,0	− 2,1		0	−27
9 †	27'2	33'2	369	857,2	− 5,1		0	−32
10 †	77°27'1	163°31'3	399	855,0	+ 2,0		0	−27
11 †	27'1	29'4	405	839,7	−11,4		0	−41
12 †	27'0	27'6	408	837,6	−12,6		0	−45
13 †	26'7	25'6	393	835,4	−19,2		0	−51
14 †	26'5	23'7	387	834,0	−22,3		0	−55
15 †	77°26'3	163°21'7	378	834,2	−24,7		0	−58
16 †	26'0	19'8	378	829,5	−29,2		0	−63
17 †	25'8	18'1	383	826,9	−30,2		0	−65
18 †	25'5	16'4	378	829,0	−29,3		0	−65
19 †	25'2	14'7	384	827,2	−29,2		0	−65
20 †	77°25'1	163°12'5	378	826,0	−32,1		0	−68
21 †	24'9	10'3	402	821,4	−29,3		0	−66
22 †	24'7	08'1	427	814,6	−28,2		2	−63
23 †	24'9	05'0	427	805,2	−37,7		2	−75
24 †	25'2	02'3	463	792,9	−39,1		4	−76
25 †	77°25'5	162°58'3	482	781,6	−44,7		4	−72
26 †	25'6	54'7	480	779,6	−47,5		6	−73
27 †	25'6	51'1	472	782,1	−47,5		8	−75
28 †	25'7	47'5	450	788,0	−48,3		10	−76
29 †	25'9	45'1	389	805,5	−49,8		12	−76

Stations	Latitude S.	Longitude E. G.	Altitude m	g obs. 982...	An. Faye	h roche m	C_t	An. Boug. 0,9—2,67
30	77°26′2	162°43′1	320	821,7	− 55,1		14	− 76
31	26′4	39′9	302	823,0	− 59,5		15	− 78
32	26′8	36′4	296	822,1	− 62,5		17	− 79
33	27′0	35′0	290	820,7	− 65,9		18	− 79
34	27′2	33′6	273	820,6	− 71,4		19	− 83
35	77°27′5	162°30′9	271	819,4	− 73,4		20	− 83
36	27′8	28′4	268	816,5	− 77,4		20	− 88
37	28′2	25′9	264	816,7	− 78,6		22	− 86
38	28′5	23′4	251	817,0	− 82,6		22	− 89
39	28′8	20′9	245	817,1	− 84,5		24	− 88
40	77°29′2	162°21′6	256	816,4	− 82,1		23	− 91
41	29′4	20′0	245	819,2	− 82,8		23	− 88
42	29′6	18′2	242	819,4	− 83,6		23	− 88
43	29′8	16′4	241	818,2	− 85,3		23	− 89
44	30′1	14′6	236	818,0	− 87,2		23	− 90
45	77°30′3	162°12′5	230	818,6	− 88,6		24	− 90
46	30′6	10′4	230	818,4	− 89,0		24	− 90
47	30′8	08′5	230	819,2	− 88,3		24	− 90
48	30′9	07′2	227	818,3	− 90,3		24	− 92
49	31′2	05′0	222	817,3	− 93,0		24	− 94
50	77°31′3	162°02′8	207	817,9	− 97,0		23	− 98
51	31′5	00′5	203	818,3	− 98,0		22	− 99
52	31′5	161°56′8	204	817,6	− 98,4		21	−101
53	31′6	53′2	203	816,9	− 99,5		20	−102
54	31′7	50′0	198	817,6	−100,3		21	−101
55	77°31′8	161°47′1	197	816,9	−101,4		24	−101
56	31′9	44′8	192	817,2	−102,8		26	− 98
57	31′9	42′5	174	820,4	−105,1		29	− 97
Main Base	32′0	40′2	162	820,9	−108,4		32	− 94
58	32′0	38′3	143	823,8	−111,4		32	− 95
59	77°31′9	161°35′5	143	821,5	−113,6		32	− 98
60 *	32′1	32′5	143	818,5	−116,7		32	−101
61 *	32′3	29′5	143	813,6	−121,8		32	−105
62 *	32′4	26′4	143	814,5	−120,9		32	−104
63	32′6	23′4	143	817,2	−118,3		32	−103
64	77°32′7	161°20′1	183	806,5	−116,7		34	−104
65	32′7	18′7	207	798,1	−117,7		36	−105
66	32′8	16′2	165	799,8	−129,1		38	−110
67	32′8	14′8	219	791,8	−120,4		40	−105
68	32′7	12′8	256	785,8	−114,9		40	−104

Stations	Latitude S.	Longitude E. G.	Altitude m	g obs. 982...	An. Faye	h roche m	C_t	An. Boug. 0,9—2,67
69	77°32′6	161°11′4	232	788,3	−119,7		40	−106
70	32′8	09′7	183	793,4	−129,9		40	−111
71	32′9	08′0	207	787,2	−128,7		38	−114
72	32′9	06′2	259	782,4	−117,5		40	−109
73	33′1	04′4	347	768,8	−104,1		45	−109
74	77°33′3	161°02′4	479	749,2	− 83,0		45	− 92
75	33′5	00′4	610	732,6	− 59,4		45	− 82
76	33′8	160°58′1	750	710,5	− 38,5		40	− 82

(VI) EXPEDITIONS SOVIETIQUES

Station de référence: MIRNY g = 982 407,4 mgal *[37]*

Les stations ont été classées dans un ordre légèrement différent de celui de la publication originale *(37)* afin de rapprocher les résultats des itinéraires semblables.

Les anomalies de Bouguer de la publication originale calculées avec une densité *unique* 0,9 ont été reportées au milligal près.

Lorsque l'épaisseur de glace était donnée, on a remplacé ces anomalies par les anomalies de Bouguer réduites au niveau de la mer en tenant compte d'une part de l'épaisseur de glace (densité 0,9) et de la position du socle rocheux (densité 2,67) par rapport au niveau de la mer.

A) Traverse principale. MIRNY—VOSTOK I—KOMSOMOLSKAYA

pas de sondage séismique.

Stations	Latitude S.	Longitude E. G.	Altitude m	g obs. 982...	An. Faye	h roche m	glace m	An. Boug. 0,9
Mirny	66°33′2	93°00′9	21	407,4	+14,8			+14
2	36′0	01′0	154	348,2	− 6,7			−12
3	39′4	04′7	417	267,8	− 9,6			−25
4	43′5	08′9	560	239,0	+ 1,1			−20
5	53′3	11′4	744	191,0	− 0,8			−29
6	66°59′6	93°09′6	932	158,3	+17,5			−18
7	67°00′6	08′2	971	147,9	+18,1			−18
8	04′7	14′2	1033	144,5	+29,3			−10
9	10′6	27′0	1140	116,2	+27,7			−15
10	12′3	28′0	1194	101,0	+27,4			−18
11	67°14′0	93°27′5	1222	096,9	+30,0			−16
12	17′4	32′1	1306	066,2	+21,7			−27
13	18′6	32′8	1335	053,3	+16,3			−34
14	25′2	35′7	1426	026,1	+10,2			−44
15	33′5	43′4	1551	009,5	+23,2			−35
16	67°39′4	93°46′4	1649	*980,2	+17,9			−44
17	43′3	45′3	1673	*971,8	+13,3			−50
18	43′6	45′3	1675	*972,8	+14,1			−49
19	68°08′1	94°05′1	1942	*935,0	+32,7			−40
20	10′8	06′9	1962	*931,4	+32,5			−41
21	68°13′3	94°08′8	1938	*925,6	+32,1			−43
22	18′0	11′8	2020	*931,8	+43,3			−33
23	23′9	16′1	2079	*944,4	+68,0			−10
24	28′9	20′0	2138	*941,0	+77,7			− 3
25	32′8	22′9	2166	*948,7	+90,0			+ 8

* = 981 . . . gals

Stations	Latitude S.	Longitude E. G.	Altitude m	g obs. 981...	An. Faye	h roche m	glace m	An. Boug. 0,9
26	68°36′4	94°26′2	2240	931,3	+ 91,7			+ 7
27	46′2	32′4	2329	907,7	+ 94,5			+ 7
28	50′8	35′8	2366	893,7	+ 78,3			− 11
29	69°02′6	45′3	2468	874,2	+ 78,2			− 15
30	14′0	55′4	2546	860,4	+ 77,0			− 19
31	69°23′1	95°04′2	2603	850,6	+ 75,6			− 23
32	29′1	10′5	2641	860,1	+ 90,9			− 9
33	33′3	15′3	2670	872,8	+108,4			+ 8
34	35′0	17′1	2678	883,2	+119,6			+ 19
Pionerskaya	44′5	31′4	2741	846,6	+ 93,2			− 10
36	69°50′8	95°35′3	2755	842,9	+ 87,6			− 16
37	70°04′5	45′7	2789	746,2	− 12,0			−177
38	13′7	52′4	2800	732,8	− 30,9			−136
39	21′6	55′8	2833	732,7	− 28,5			−135
40	35′5	56′7	2872	742,4	− 20,0			−128
41	70°46′3	95°57′4	2913	737,5	− 22,4			−132
42	56′0	56′8	2962	702,4	− 51,5			−163
43	71°04′5	56′4	3009	747,1	− 0,1			−114
44	12′1	96°00′8	3029	767,4	+ 19,2			− 95
45	18′1	04′8	3046	778,2	+ 29,8			− 85
46	71°27′8	96°13′7	3108	777,5	+ 39,4			− 78
47	35′0	18′7	3134	774,0	+ 37,3			− 81
48	44′6	24′4	3133	792,3	+ 46,7			− 71
49	53′6	29′1	3188	784,3	+ 47,5			− 73
50	59′2	32′0	3194	797,6	+ 57,6			− 63
Vostok 1	72°08′6	96°36′8	3252	781,3	+ 50,9			− 72
52	14′1	38′9	3265	776,4	+ 45,2			− 78
53	22′5	42′4	3299	760,2	+ 32,1			−92
54	27′8	44′9	3307	758,3	+ 31,2			− 93
55	33′1	45′9	3320	772,3	+ 41,5			− 84
56	72°38′6	96°48′2	3341	770,9	+ 41,8			− 84
57	44′2	50′7	3349	774,4	+ 42,9			− 83
58	48′4	52′5	3362	779,6	+ 48,6			− 78
59	53′1	53′7	3374	786,9	+ 55,6			− 72
60	58′1	55′8	3382	791,4	+ 58,3			− 69
61	73°01′4	96°58′1	3398	782,8	+ 51,9			− 76
62	06′3	97°00′5	3404	772,7	+ 39,4			− 89
63	15′9	08′3	3422	763,2	+ 27,5			−102
64	20′7	12′5	3423	765,2	+ 25,8			−103
65	25′9	18′5	3430	780,2	+ 38,7			− 91

Stations	Latitude S.	Longitude E. G.	Altitude m	g obs. 981...	An. Faye	h roche m	glace m	An. Boug. 0,9
66	73°30′2	97°23′9	3442	773,6	+32,2			− 98
67	34′7	25′1	3462	762,7	+23,7			−107
68	39′0	24′9	3467	764,9	+24,1			−107
69	46′8	31′3	3471	759,3	+13,4			−118
70	52′1	31′5	3470	756,5	+ 5,9			−125
71	73°57′3	97°31′6	3482	757,3	+ 6,3			−125
72	74°01′7	29′3	3491	763,2	+11,4			−120
73	06′5	28′0	3497	768,5	+14,7			−117

A′) Traverse principale. MIRNY—VOSTOK II
par Pionerskaya, Vostok I, Komsomolskaya.
* sondages séismiques; les épaisseurs de glace ont été évaluées pour presque toutes les stations gravimétriques.

Stations	Latitude S.	Longi-tude E. G.	Altitude m	g obs. 981...	An. Faye	h roche m	glace m	An. Bouguer 0,9	An. Bouguer 0,9—2,67
174	66°36′0	93°15′0	120	⊕313,9	−51,5			− 56	
175	67°01′	27′	910	⊕175,7	+26,7			− 8	
176	14′	44′	1240	⊕121,7	+60,4			+ 14	
177	37′	94°02′	1660	⊕016,0	+59,6			− 3	
178	68°00′	15′	1920	951,8	+51,3			− 21	
179	68°18′	95°00′	2090	942,3	+75,4			− 3	
180	69°02′	13′	2460	882,5	+84,6			− 8	
181	20′	30′	2570	857,6	+75,6			− 21	
Pioner-skaya*	44′	30′	2700	846,6	+80,9	+650	2050	− 21	− 69*
182*	70°00′	32′	2740	780,4	+11,4	+440	2300	− 92	−124*
183	70°12′	95°38′	2780	734,2	−34,1	−680	3460	−139	− 88*
184	21′	41′	2800	734,0	−36,7	−730	3530	−142	− 88*
185	26′	48′	2830	727,4	−38,9	−330	3160	−146	−121*
186	45′	56′	2880	778,1	+ 9,2	−350	3230	− 99	− 73*
187	51′	51′	2910	737,0	−28,2	−690	3600	−138	− 87

⊕ = 982... gals
* = La discontinuité et la forte variation des anomalies de Bouguer semblent surprenantes

Stations	Latitude S.	Longitude E. G.	Altitude m	g obs. 981...	An. Faye	h roche m	glace m	An. Bouguer 0,9	0,9—2,67
188	70°57′	95°54′	2930	699,4	−65,3	−1100	4030	−176	− 94
189	59′	52′	2940	713,8	−49,6	− 740	3680	−160	−105
190	71°26′	96°42′	3070	770,9	+22,7	+ 180	2890	− 93	−106
191	37′	33′	3110	769,4	+23,5	+ 240	2870	− 94	−111
Vostok I*	72°08′	36′	3210	782,5	+39,7	+ 350	2900	− 81	−104
192	72°13′	96°45′	3230	758,5	+17,5	− 110	3340	−104	− 96
193	25′	46′	3280	762,3	+26,2	+ 70	3210	− 97	−102
194	35′	49′	3320	761,1	+28,7	+ 170	3150	− 96	−109
195*	41′	50′	3350	755,1	+26,7	+ 80	3270	−100	−105
196	56′	97°00′	3360	791,4	+53,3	+ 430	2930	− 73	−105
197	73°02′	96°52′	3380	772,4	+35,5	+ 110	3270	− 92	−100
198*	07′	53′	3390	759,1	+21,0	+ 40	3350	−107	−110
199	15′	54′	3400	775,9	+34,2			− 94	
200	17′	57′	3400	759,3	+15,9	+ 10	3390	−112	−113
201	31′	97°20′	3430	770,2	+24,5	+ 230	3200	−105	−122
202*	73°38′	97°22′	3440	744,1	− 4,2	− 20	3460	−134	−132
203	47′	24′	3450	748,0	− 4,6	− 80	3530	−135	−129
Komsom.*	74°05′	29′	3490	768,5	+13,8	+ 130	3360	−118	−127
204	52′	98°46′	3510	797,2	+12,0	+ 80	3430	−120	−126
205	76°36′	101°36′	3500	809,9	−53,4	+ 90	3410	−185	−192
206	77°03′	102°45′	3500	832,9	−48,6	+ 20	3480	−181	−182
207	49′	104°47′	3500	874,5	−36,5	− 110	3610	−168	−160
Vostok II*	78°27′	106°52′	3490	909,9	−29,0	− 210	3700	−161	−145

B) Traverse MIRNY—KOMSOMOLSKAYA—VOSTOK I

située à l'Est de la traverse principale.

* sondages séismiques — l'épaisseur de glace a été publiée seulement pour ces points.

Stations	Latitude S.	Longitude E. G.	Altitude m	g obs. 981...	An. Faye	h roche m	glace m	An. Bouguer 0,9	An. Bouguer 0,9—2,67
90*	67°44′0	93°45′5	1677	975,7	+17,2	− 47	1730	−46	− 42
91	55′5	31′1	1800	943,1	+10,3			−58	
92	68°06′8	17′0	1905	943,2	+31,0			−41	
93	12′3	10′0	1960	939,6	+38,6			−35	
94	22′2	† 92°57′4	2035	931,8	+43,6			−33	
95	68°25′8	† 92°51′7	2065	928,7	+46,1			−32	
96	35′5	† 38′3	2125	915,3	+41,2			−39	
97*	47′1	† 21′3	2180	915,4	+46,3	+210	1970	−36	− 51
98	54′4	† 11′0	2210	906,5	+39,2			−44	
99	69°07′8	91°50′7	2290	920,6	+64,5			−22	
100	69°14′0	91°42′0	2360	913,7	+72,7	+490	1870	−16	− 52
101	18′5	35′5	2405	907,0	+75,7			−15	
102	27′7	23′7	2470	885,2	+64,7			−28	
103	35′3	13′3	2510	868,2	+52,5			−42	
104	44′9	00′7	2560	848,8	+39,1			−57	
105	69°51′2	90°51′6	2590	846,0	+39,4			−58	
106	58′0	41′3	2615	832,3	+26,8			−72	
107	70°03′9	34′3	2630	824,6	+18,0			−81	
108	05′6	31′6	2630	823,1	+14,8			−84	
109	13′3	21′2	2655	821,8	+13,8			−86	
110*	70°16′0	90°17′4	2660	822,4	+13,3	−20	2680	−87	− 85
111	22′7	06′0	2680	829,0	+19,7			−81	
112	29′4	89°54′0	2700	825,5	+16,0			−86	
113	36′3	42′4	2735	821,8	+16,5			−87	
114	43′4	30′0	2770	831,5	+30,2			−74	
115	70°48′8	89°20′2	2795	826,7	+28,2			−77	
116	55′6	08′0	2820	812,0	+14,7			−92	
117	71°03′3	88°48′5	2850	812,0	+16,8			−91	
118	08′5	45′0	2870	813,9	+20,0			−88	
119	18′0	26′0	2910	804,8	+14,6			−95	
120	71°26′2	88°09′0	2940	800,1	+11,6			−99	
121	35′4	87°50′2	2980	805,3	+20,7			−92	
122	44′2	31′3	3030	833,6	+56,5			−58	
123	51′4	15′3	3070	823,6	+52,4			−63	
124*	58′9	00′0	3100	810,3	+41,7	+370	2730	−75	−102

† = correction au texte original qui portait 93°

Stations	Latitude S.	Longitude E. G.	Altitude m	g obs. 981...	An. Faye	h roche m	glace m	An. Bouguer 0,9	An. Bouguer 0,9—2,67
125	72°06′4	87°29′5	3115	795,4	+24,8			— 93	
126	12′8	55′0	3125	782,8	+ 9,7			—108	
127	19′3	88°20′5	3165	771,3	+ 4,8			—115	
128	25′8	47′2	3220	771,7	+16,5			—105	
129	30′8	89°09′5	3250	746,0	— 4,4			—127	
130	72°35′7	89°31′0	3270	752,6	+ 4,2			—119	
131	42′0	59′7	3320	734,3	— 4,1			—129	
132*	46′3	90°19′2	3360	761,2	+31,4	+325	3035	— 95	—119
133	52′3	42′4	3400	774,5	+51,9			— 76	
134	58′7	91°09′7	3410	785,4	+60,4			— 68	
135	73°02′7	91°30′0	3420	783,7	+58,5			— 70	
136	07′7	55′0	3440	770,0	+45,9			— 83	
137	14′4	92°29′2	3455	770,0	+45,7			— 85	
138	18′4	48′4	3460	739,7	+13,5			—117	
139	22′0	93°09′7	3460	732,0	+ 2,9			—128	
140*	73°25′6	93°31′0	3460	722,4	— 9,6	+125	3335	—140	—149
141	27′3	40′4	3460	726,9	— 6,5			—137	
142	30′3	54′2	3460	740,1	+ 4,2			—126	
143	35′7	94°21′5	3470	750,3	+13,0			—118	
144	43′5	95°01′5	3480	795,2	+54,7			— 76	
145	73°49′7	95°42′7	3485	745,8	+ 1,8			—130	
146	53′4	96°08′0	3490	728,5	—16,9			—149	
147	56′3	28′0	3490	738,0	— 9,7			—141	
148	74°00′0	54′0	3495	749,9	+ 0,7			—131	
Komsomolskaya*	06′0	97°30′3	(3460)†	766,8	(+2,0)	+ 90	3370	—(129)	—(135)
149	74°29′3	98°08′0	3450	773,8	—12,4			—142	
150	31′2	10′0	3460	774,6	—10,0			—140	
151	47′4	40′0	3470	791,1	— 2,9			—134	
152	54′3	53′3	3445	796,2	—10,7			—141	
153	75°12′5	99°28′0	3460	844,3	+28,2			—102	
154	75°15′6	99°33′3	3460	857,5	+39,1			— 91	
155	28′7	59′0	3430	805,4	—31,9			—161	
156	59′7	100°47′0	3450	836,3	—17,2			—147	
157	76°17′3	101°22′2	3450	864,4	— 1,5			—132	
158	22′0	32′0	3430	847,9	—28,3			—158	
159	76°31′4	101°53′0	3430	789,8	—91,9			—221	
160	35′7	102°02′0	3435	789,0	—94,0			—223	
161	43′5	19′4	3450	802,0	—81,8			—212	
162	47′4	27′3	3445	804,3	—83,7			—214	
163	77°05′0	103°08′0	3445	823,3	—76,4			—206	

† = Moyenne des deux chiffres indiqués sur l'original (3500—3420).

Stations	Latitude S.	Longitude E. G.	Altitude m	g obs. 981...	An. Faye	h roche m	glace m	An. Bouguer 0,9	
								0,9	0,9— 2,67
164	77°09′4	103°19′0	3435	840,5	− 65,0			−194	
165	20′0	47′0	3430	858,2	− 55,8			−185	
166	27′5	104°08′0	3440	867,1	− 48,7			−178	
167	42′0	47′0	3425	841,6	− 88,0			−217	
168	43′0	49′0	3425	840,5	− 89,7			−219	
169	77°48′0	105°04′0	3410	820,8	−117,2			−246	
170	53′5	18′0	3405	815,8	−127,2			−256	
171	59′5	34′0	3405	818,0	−128,7			−257	
172	78°13′0	106°14′0	3420	846,7	−103,6			−233	
173	27′0	52′0	3420	904,5	− 54,1			−183	

C) Traverse VOSTOK II...... Pôle Sud.

* sondages séismiques — les épaisseurs de glace ont été évaluées pour toutes les stations.

Stations	Latitude S.	Longitude E. G.	Altitude m	g obs. 982...	An. Faye	h roche m	glace m	An. Boug. 0,9—2,67
256	78°39′	106°52′	3500	⊕957,9	+16,9	+250	3250	−133
257	54′		3430	⊕977,9	+ 6,9	+ 60	3370	−127
258	79°08′		3430	⊕995,9	+16,9	+130	3000	−122
259	28′		3400	010,9	+11,9	+ 50	3350	−120
260	49′		3400	011,9	+ 0,9	− 50	3450	−123
261*	80°14′		3390	031,9	+ 4,9	− 50	3440	−119
262	28′		3390	036,9	+ 2,9	− 90	3480	−118
263	54′		3420	053,9	+16,9	− 30	3450	−110
264	81°16′		3440	075,9	+34,9	+100	3340	−102
265*	58′		3460	090,9	+37,9	+ 50	3410	− 96
266	82°10′		3390	095,9	+15,9	−190	3580	− 98
267	35′		3320	102,9	− 8,1	−430	3750	−101
268	83°02′		3300	127,9	− 0,1	−360	3660	− 98
269	24′		3280	175,9	+33,9	− 10	3290	− 89
270*	50′		3300	169,9	+25,9	− 40	3340	− 95
271	84°16′		3233	197,9	+25,9			
272	36′		3280	202,9	+38,9	+150	3130	− 96
273	85°02′		3210	199,9	+ 7,9	−100	3310	−106
274	36′		3150	222,9	†(+2,9)	− 50	3200	−112
275	86°13′		3120	222,9	−14,1	−190	3310	−117
276	86°54′		3110	219,9	−27,1	−270	3380	−124
277	87°18′		(3100)	238,9	−15,1	−110	3210	−124
278*	44′		3090	246,9	−13,1	− 60	3150	−125
279	59′		3080	265,9	+ 0,9	+150	2930	−126
280	88°20′		(3070)	263,9	− 6,1			
281	88°36′		3060	262,9	−11,1	+110	2950	−134
282	53′		(3037)	268,9	−14,1			
283*	89°07′		3020	275,9	−13,1	+180	2840	−140
284	23′		(2970)	288,9	−16,1			
285	44′		2900	311,9	−15,1	+ 50	2850	−128
Amundsen Scott*	90°00′		2860	326,9	−12,1	+ 50	2810	−123

† = Le signe — de la publication originale a été remplacé par le signe + pour tenir compte des résultats voisins.

⊕ = 981 . . . gals

Remarque: Les résultats du texte original ont été recopiés fidèlement bien que la valeur significative des chiffres décimaux (valeurs de g et anomalies de Faye) semble sujette à caution.

D) Traverse KOMSOMOLSKAYA .... POLYUS NEDOSTUPNOSTI

* sondages séismiques — les épaisseurs de glace ont été évaluées pour toutes les stations.

Stations	Latitude S.	Longitude E. G.	Altitude m	g obs. 981...	An. Faye	h roche m	glace m	An. Boug. 0,9—2,67
208	74°20′	97°09′	3520	784,6	+ 27,2	+ 410	3110	−136
209	33′	96°44′	3550	768,6	+ 10,3	+ 300	3250	−146
210	39′	23′	3570	760,1	+ 3,3	+ 280	3290	−152
211	53′	03′	3560	774,6	+ 4,0	+ 320	3240	−154
212*	56′	00′	3580	788,3	+ 20,7	+ 550	3030	−155
213	75°19′	95°16′	3670	751,9	− 4,3	+ 240	3430	−160
214	25′	04′	3690	750,6	− 3,8	+ 520	3170	−181
215	32′	† 94°51′	3700	758,5	+ 1,9	+ 650	3050	−186
216*	43′	35′	3710	781,9	+ 20,5	+1090	2620	−200
217	57′	04′	3740	802,6	+ 40,3	+1420	2320	−206
218	76°07′	93°41′	3790	781,3	+ 27,4	+1350	2440	−215
219	21′	20′	3800	⊕782,5	⊕+21,9	+1340	2460	−220
220*	34′	03′	3790	772,0	− 0,6	+ 820	2970	−204
221	56′	91°46′	3770	836,4	+ 42,8	+1880	1890	−238
222*	77°17′	90°58′	3710	857,1	+ 31,2	+1840	1870	−245
223	77°42′	90°07′	3670	871,5	+ 17,3	+1760	1910	−251
224	57′	89°43′	3680	927,2	+ 66,8	+2530	1150	−259
Sovietskaya*	78°24′	87°35′	3650	870,4	− 15,7	+1820	1830	−188
226	36′	86°44′	3640	925,7	+ 29,5	+2360	1280	−282
227	42′	13′	3650	935,9	+ 39,2	+2520	1130	−285
228*	78°47′	85°32′	3650	933,8	+ 34,1	+2410	1240	−282
229	58′	84°34′	3660	940,6	+ 37,8	+2530	1130	−288
230	79°06′	83°50′	3680	956,4	+ 55,3	+2770	910	−289
231	16′	82°55′	3670	968,2	+ 58,5	+2820	850	−289
232*	20′	30′	3740	965,6	+ 75,2	+2990	750	−287
233	79°31′	81°21′	3830	905,0	+ 36,4	+2160	1670	−268
234	38′	80°37′	3870	920,4	+ 60,3	+2510	1360	−271
235	42′	17′	3900	902,8	+ 49,7	+2410	1490	−276
236	48′	79°38′	3920	879,2	+ 29,2	+2210	1710	−282
237	56′	78°53′	3960	897,3	+ 55,4	+2590	1370	−286
238	80°02′	78°14′	3980	913,6	+ 74,8	+2770	1210	−280
239	08′	77°27′	4020	942,0	+112,5	+3380	640	−289
240*	14′	76°57′	4030	919,6	+ 90,1	+2990	1040	−283
241	23′	75°46′	4010	940,0	+ 99,8	+3220	790	−290
242	30′	74°23′	3990	925,1	+ 75,3	+2880	1110	−288

† = Correction au texte original qui portait 95°
⊕ = Correction au texte original qui portait respectivement 982,5 mgal et + 221,9 mgal

Stations	Latitude S.	Longitude E. G.	Altitude m	g obs. 981 ...	An. Faye	h. roche m.	glace m	An. Boug. 0,9—2,67
243	80°45′	72°15′	3940	946,1	+73,6	+2760	1180	−279
244	50′	70°39′	3950	901,6	+29,7	+2100	1850	−275
245*	54′	69°44′	3940	903,4	+26,6	+2400	1540	−300
246	81°01′	68°41′	3920	921,6	+35,3	+2050	1870	−264
247	11′	67°04′	3910	936,8	+42,9	+1980	1930	−251
248	81°19′	65°28′	3920	928,8	+34,3	+1760	2160	−244
249	27′	64°22′	3900	939,6	+35,3	+1640	2260	−233
250	35′	62°56′	3880	957,7	+43,8	+1590	2290	−220
251*	42′	00′	3860	945,7	+22,5	+1180	2680	−210
252	50′	60°22′	3840	980,8	+48,1	+1520	2320	−209
253	81°55′	58°29′	3830	981,5	+43,6	+ 940	2890	−170
254	82°01′	56°40′	3810	⊕018,7	+72,1	+1060	2750	−150
Pol. Nedos-tupnosti*	06′	54°38′	3790	⊕008,3	+53,6	+ 840	2950	−151

⊕ = 982... gals

E) Points sur glace de mer

Stations	Latitude S.	Longitude E. G.	Altitude m	g. obs. 982 ...	An. Faye	h. roche m.	glace m	An. Boug.
74	67°07′2	82°16′9	20	435,0	+ 4,8			
75	66°42′7	89°21′6	0	403,1	− 6,7			
Mirny	33′0	93°00′5	0	403,3	+ 4,2			
76	27′8	94°46′4	0	349,2	−44,2			
77	23′1	83°11′0	0	405,2	+17,0			
78	66°16′2	85°34′6	0	416,2	+35,7			
79	02′6	88°07′2	0	424,1	+58,7			
80	65°44′4	99°16′7	0	372,1	+27,2			
81	26′8	102°47′4	0	307,0	−17,9			
82	13′4	97°50′9	0	328,0	+18,5			